姬塬油田套损井预防与治理技术

董立超　王敏娜　曹雄科　主　编

哈尔滨工程大学出版社
Harbin Engineering University Press

内 容 简 介

随着姬塬油田规模的扩大和开发时间的延长,套损井数量不断增加,严重影响着油田的高效开发。因此针对套损井的具体情况,采取有针对性的套损井治理措施对油田稳产和长期高效开发具有重要的意义。本书是一本有关套损井预防与治理技术的书籍,以姬塬油田套损井为研究对象,全面论述了套损井地质特征、套损因素、套损机理、套损预防和套损治理技术。

本书由具有丰富工作经验和扎实理论基础的专业人员编写,并在编委会各成员的通力合作下完成。本书可作为油气田开发专业学生拓展学习的资料,也可作为从事套损井治理工作的工程技术人员的参考用书。

图书在版编目(CIP)数据

姬塬油田套损井预防与治理技术/董立超,王敏娜,曹雄科主编.—哈尔滨:哈尔滨工程大学出版社,2024.4
    ISBN 978-7-5661-4354-9

Ⅰ.①姬… Ⅱ.①董… ②王… ③曹… Ⅲ.①鄂尔多斯盆地-油田-套管损坏-研究 Ⅳ.①TE931

中国国家版本馆 CIP 数据核字(2024)第 084513 号

姬塬油田套损井预防与治理技术
JIYUAN YOUTIAN TAOSUNJING YUFANG YU ZHILI JISHU

选题策划　包国印
责任编辑　李　暖
封面设计　李海波

出版发行　哈尔滨工程大学出版社
社　　址　哈尔滨市南岗区南通大街 145 号
邮政编码　150001
发行电话　0451-82519328
传　　真　0451-82519699
经　　销　新华书店
印　　刷　哈尔滨午阳印刷有限公司
开　　本　787 mm×1 092 mm　1/16
印　　张　8.75
字　　数　166 千字
版　　次　2024 年 4 月第 1 版
印　　次　2024 年 4 月第 1 次印刷
书　　号　ISBN 978-7-5661-4354-9
定　　价　48.00 元
http://www.hrbeupress.com
E-mail:heupress@hrbeu.edu.cn

编委会成员

前　言

　　油水井套路损伤简称套损,指在油田开发过程中,开发井、注入井的套管由于腐蚀和外力作用而发生破裂、塑性变形或腐蚀变薄至穿孔的情形。长期以来,油田开发始终伴随着套损问题。套损井可造成注采井网失调、水驱动用程度低、剩余储量无法采出等问题,导致动态监测资料录取困难、措施难度加大、修井频繁……这些状况严重影响油田稳产及开发效果。因此,针对于套损井机理研究、套损产生因素、套损预防、套损井治理等急需找出与开发有效的治理方法和技术。

　　本书是在主编董立超审核,王敏娜执笔,曹雄科查阅下完成的,是编者在深入研究套损井地质特征、套损因素、套损机理的基础上,结合多年工作经验及现场实际情况,对套损预防、套损治理技术的总结,也是编者针对姬塬油田套损井套损机理和治理技术开发研究成果的总结和凝练,可用于套损井治理模式分析、技术政策制定和套损方案设计。

　　本书内容主要包括以下五个方面:

　　(1)油田概况。区域地质概况从位置范围、油田背景、自然条件和油田构造及圈闭特征方面加以分析介绍。沉积特征从沉积环境、沉积相类型、沉积微相特征三方面概述。以姬塬油田套损井为典型实例,分别从理论和勘探实践两方面探讨套损因素和套损井隔水采油技术。一方面,开展对桥塞等常规机械隔采工具进行原理分析和现场应用效果对比研究工作,得出其现场应用的缺陷性;另一方面,针对常规机械隔采工具的缺陷性,开展 LEP 长效封隔器隔采技术和软金属套管补贴技术研究与试验工作。通过研究与试验不同类型机械隔采工具的优点和适用范围,得出在不同工况下套损井应用机械隔采工具治理套损井的有效措施,为姬塬油田套损井的治理及后期的稳产提供有力的技术支撑。

　　(2)套损井机理研究。绝大多数套管损坏是由很多原因叠加起来造成的,单一原因造成套管损坏在套损井总井数中占极少数。套管损坏的主要影响因素有油水井本身的质量问题、油水井所在地地质环境状况、油水井建设和开发过程中的工程作业的影响、油水井所在环境中的腐蚀性的大小等。本书逐一对这些原因进行了分析,分别从材质及固井质量影响、射孔造成的损坏、出沙造成的套损、地质因素套损、腐蚀套损、大型增产措施套损、注水套损、修井套损等进行了详细的分析，系统地论述了套损井机理。

（3）井下套损检测技术。取套观察是最直接了解套管变形的一种方法。但该方法工艺复杂、难度大，尤其对于深井和水泥固井段更是如此。取套观察技术的工艺过程有两种：一种是用套铁筒套住套管，在套管内下内割刀（当套管内不能下工具时在其外侧下外割刀）割断套管，一段段地取出，直到取出全部的套损套管；另一种是用倒扣的方法一根根地取出套管。虽然该方法施工时间长、费用高、很难大面积推广，但取出变形的套管进行地面分析是其他测井工艺达不到的，并为检查射孔提供可靠依据。本书介绍了四种套损井检测技术，分别为机械井径检测技术、超声波无损检测技术、电磁检测技术、应力检测技术，为套损井检测提供了多种可选方法。

（4）套损井预防技术。本书通过对姬塬油田出砂套损井基础资料的调研，系统梳理了出砂套损井的各项工程和开发数据；在阐述出砂套损的力学机理基础上，结合目前该油田的开发工艺及措施，对出砂套损预防技术与对策进行了研究；提出了优先采用先期防砂措施，对于因工程和油藏无法实施先期防砂的井，应采取优化射孔参数、增加套管壁厚以及合理控制生产压差等系列配套措施，这将有效指导疏松砂岩油藏套损预防工作的开展，降低此类油藏的套损率，延长油水井的寿命，提高该油田的开发效果。目前针对力学剪切变形套损井主要采取两种预防措施，即提高套管钢级和壁厚、加强固井质量。可采用的修复技术有机械打通道技术、定向法打通道技术、封加固技术、膨胀管加固技术及套损井侧斜修井技术。在套损井大修的各个环节中，打通道技术是最困难的部分，决定着一口井能否修复成功并继续投入生产，根据套损类型及损坏严重程度可采取不同的方案。力学剪切变形套损井井下套损情况复杂多变，应考虑施工可行性和成本因素，通常需要根据现场情况综合运用多种修井技术。

（5）套损井治理技术。如果套损井损坏程度严重，就会使油田注采失衡，限制套损井剩余资源的开采条件，甚至会严重影响油田的生产效率和效益。本书结合实际研究，阐明套损井的特点和整体分布规律，然后对导致套损井出现的套管进行详细研究，分析套管损坏原因和有效预防措施，最后阐明套损井综合治理四项技术，供在生产实际中参考借鉴。四项技术分别为打通道技术、封隔器隔采技术、侧钻技术、小直径细分堵水技术。

通过上述套管损坏原因分析，针对不同的因素对套管损坏的特点进行分析，科学合理地选择适合不同特点的保护预防措施，来改善套管质量。石油开采业能否繁荣发展不仅取决于石油地下储藏量的多少,更取决于能否采用先进的技术来提高石油开采率。尤其是在注水开采作业中,要想不断提升井组治理能力,就必须提升油井套管的运行能力。因此,在今后的油井套管预防治理中,要不断加强对套损技术的学习和研究,不断创新完善修复技术,以提升套管的维修水平,从而保证油井高效运行,提高采油率和开采效率。

由于油田套损井预防与治理的复杂性及编者水平有限,书中内容必有不足甚至谬误之处,有待于实践的检验,敬请读者批评指正。

编　者

2024 年 1 月

目　　录

第1章 油田概况

1.1 区域地质概况

1.1.1 位置范围

鄂尔多斯盆地地处我国中西部地区,构造上位于华北板块西缘。它是一个相对简单的大型克拉通型沉积盆地,经历了多次旋回和重叠。行政区划横跨陕、甘、宁、内蒙古、晋五省(区),总面积约 $3.7×10^5$ km²,在我国沉积盆地中排名第二。

姬塬油田位于鄂尔多斯盆地中西部,横跨陕西、甘肃二省和宁夏回族自治区,矿区面积 $1.8×10^3$ km²。当地经济以石油和天然气、农业和畜牧业为主。自 2002 年开发以来,开发区块主要有黄 9、沙 106、庚 19、庚 20、庚 114、庚 32 等,开发地层以三叠系和侏罗系为主,如长 2 层、长 4+5 层、长 6 层、长 8 层、长 9 层、延 8 层、延 9 层,是长庆油田发展史上建设速度最快的油田。油田地表系统可以看作点(油井、水井、井组、配水间、增压站、注水站、转运站、联合站)和边缘(油井之间)的集合。供水站、水井和注水站是由站间管道和其构成的网络模型。姬塬油田是鄂尔多斯盆地近年来探明储量过亿吨的又一综合性低渗透油田。姬塬油田地面工程部分主要包括以油井计量、油气集输、油气处理、注水工程等子系统为主体的工程,以油污水处理、给排水、消防、供电、自控、通信、供暖、照明、道路等为配套的工程,以及节能、职业安全与健康、环境保护。

1.1.2 油田背景

针对鄂尔多斯盆地"低渗、低压、低丰度"三低油藏现状,长庆油田着力加强科研攻关,持续坚持技术创新,开发完善核心生产井网优化、油藏改造、超前注水等增产技术,并建立和推广标准化建设体系和数字化管理体系,实现特低渗透油藏有效开发和规模快速生产,使油田进入大发展快车道。2012 年,原油产量达到 2 020 万吨,油气当量突破 4 000 万吨;2013 年,油气当量突破 5 000 万吨,成功建成"西部大庆";2020 年,油气当量突破 6 000 万吨;2022 年油气当量达到 6 244 万吨。姬塬油田是长庆油田技术条件成熟、综合开发前景好的自给式特低渗透油藏,也是中石油和长庆油田油气增储上产的主力军和排头兵。

1.1.3　自然条件

1.1.3.1　地形地貌

姬塬地区属黄土高原丘陵沟壑地形。黄土质地疏松,植被稀少,侵蚀力强,雨水多,大量泥沙被流水冲走。其显著特点是:山夷纵横,地势起伏,流水强劲,地表破碎,水土流失严重。地面海拔 1 300~1 907 m,相对高差约 607 m。

1.1.3.2　水文地质

油区主要河流为发源于山西省白于山西侧的克罗斯河,是泾河支流东川的上游。油区石子河水系水质矿化程度高,矿化度超过 5 000 mg/L。

姬塬油田河流水文特征见表 1-1。

表 1-1　姬塬油田河流水文特征表

河流	长度/km	流域面积/km^2	平均比降/10^{-3}	多年平均径流量/10^9 m^3
泾河	455.1	17 324.0	3.36	9.783

1.1.3.3　区域水文地质条件

油区地表水和地下水资源十分匮乏。地下水类型主要有孔隙水、承压水和裂隙水。本区含水层为洛河组和华池组孔隙。水型矿化度高(约 5 000 mg/L),不能作为生活饮用水。

1.1.3.4 地层水性质(表1-2)

表1-2 地层水物性表

层位	Na$^+$+K$^+$ /(mg/L)	Ca^{4+} /(mg/L)	Cl$^-$ /(mg/L)	HCO$_3^{2-}$ /(mg/L)	pH	总矿化度 /(g/L)	水型
延9层	11 099	—	33 243	4 083		57.52	NaHCO$_3$
长4+5层	—	4 663	41 321	—	6.0	68.03	CaCl$_2$
长2层	—	5 431	52 245	—	6.2	85.79	CaCl$_2$
长1层	—	4 700	49 304	—	6.2	81.17	CaCl$_2$

地层水中的主要盐类为 CaCl$_2$,矿化度为 57.52 g/L。长1层、长2层、长4+5层同时发育,造成不同层间原油采出水类型差异较大和不相溶性。

1.1.3.5 气象条件(表1-3)

该地区属温带、暖温带半干旱大陆性季风气候;冬季受西伯利亚反气旋控制,阳光充足,干燥多风,多沙;春季往往是一年中最干燥的季节,夏季风最重,降雨量较大;秋季天气逐渐变冷,温差较大。其气象总体特点是:春季多风多沙,夏凉冬冷,降水不均,霜期长。

表1-3 姬塬油田所在区域气候资料表

序号	项目		单位	数据/定边	序号	项目		单位	数据/定边
1	气温	极端最低	℃	−29.4	3	降雨量	年最小	mm	214.2
		极端最高	℃	37.7			年最大	mm	554.4
		多年平均	℃	8.0					
		最高月平均	℃	22.3			多年平均	mm	328.4
		最低月平均	℃	−8.8	4	蒸发量	多年平均	mm	—
2	地温	极端最低	℃	−35.9	5	风速	年最大	m/s	30
		极端最高	℃	68.0					
		多年平均	℃	10.4			年平均	m/s	1.5
		最大冻土深度	mm	1 020	6	年无霜期		d	162

1.1.4　构造特征与圈闭类型

姬塬油区位于鄂尔多斯盆地西部、伊陕斜坡中西部。单斜倾斜、地层倾斜、东西向的平缓使该区构造形式为小于1°。局部因岩性压实作用不同,形成东北—西南走向和近东—西布局的多列鼻状构造形态。从长6层上部构造示意图可以明显看出,油田两侧鼻状构造从北向南延伸,基本构造呈东西走向,长为5~10 km。

构造基本相似性表现为延长组长2层和延安组延9层。从北向南延伸的为两排犀牛状形态。轴的拓展方向和范围基本没有太大改变,从下而上表明了此结构具有明显的层理以及继承性。

砂体条状配合和突起鼻状构造互相形成岩性圈闭,有利构造了油气聚集和运移通道。延长组长2层和延安组延9层显著表现为储层岩性圈闭,而延长组长6层超低渗透储层与其不一样,不会形成有利构造的岩性圈闭。

1.2　沉　积　特　征

1.2.1　沉积环境

鄂尔多斯盆地属于不对称的晚三叠系内陆湖盆地。在湖盆演变、发展、壮大、减缩、消亡过程中,受两大物源影响,以西南方向、东北方向,形成了一类沉积,把这类沉积称为套内三角洲碎屑陆湖-沉积。以自发自储模式及下代上储模式为主,呈现了各种样式的组合,有产、储、盖等样式。晚三叠系,受东北沉积体系控制,姬塬地区经历了湖盆成形、发育、繁荣、减缩和消亡的整个生命期,形成了复杂多变的套存组合、生、盖及其相互间的组合,由此形成了湖盆的油气聚集基础。此区域延长组为地质工程基础为陆湖-三角洲碎屑化沉积体系。随着湖盆地质的推移和繁衍,产生了诸多三角洲泥岩类别,其中典型的一类就是湖相砂岩沉积回旋。

在三叠纪中后期,盆地开始发育并逐步被抬升,迫使延长组顶地层产生各式各样的剥离与侵蚀,形成沟壑纵横、丘陵引起伏的古地貌景观为主导的形态。在这种古景观形态地貌下,北面、南面、东面三个方向被侏罗早期古河围攻,南以甘陕古河、宁山古河北部和东部为古地貌,中间是姬塬高原,部分一级古河流已被砍伐至长 2 层。它们的存在一方面为滩相通道砂岩或次生砂岩,另一方面为油气聚集和运输提供了向下场所,用来连接油源。早期被河流填满侏罗系,对印支运动演变的交叉河谷起到了填充和补充作用。山谷主要由千姿百态的砂岩和矿床组成,而腹地及高地的有些地区没有沉积。伴随着充填的不断加强,地貌开始平坦,发育中出现中细砂岩景观和砂泥岩地貌,以及煤系形成地层等洪泛河流沉积平原。

1.2.2 沉积相划分

1.2.2.1 沉积相划分基础

沉积相划分的基础分为沉积样式、岩性构成、电学特性和粒度特点等,与沉积层背景、区域垂直序和相共沉积生组合等相结合,基于沉积单井微相综合方面研究与分析,对比井间的剖面相,最终在平面上划分主要含油层。

1.2.2.2 沉积相分类

姬塬区块长 6 层为三角洲沉积体系。沉积时长 6 层地势平坦,因有长期充足的源头供应,形成了大距离、大跨度输送的巨型河控类三角洲。华池和庆阳地区湖盆的中心位在盆地的西南部,沉积物表现为亚相深湖。长 6 层的沉积期与发展期以定边线和新安边线为界。因此,用地区及分析区块的钻岩数据、地质工况与其相对应比较,得出判定延长组长 6 层属于确定的三角洲前缘亚相。

长 2 层由于湖泊逐级退后与收缩,湖盆演变幅度很小。有些三角洲沉积区域地区逐渐变成三角洲亚相平原沉积区块,比如延安组延 9 层为相沉积河流区域沼泽。

依照生物化石、构造形成的沉积和录井测井共同综合反映,古地理区位结合分析区,将长 6 层分为以下沉积微相,可以认定是三角洲前缘亚相;长 2 层为三角洲河道平原流向、天然堤坝和流水裂扇。延安组延 9 层河微相分类为网状河道、泛滥平原、天然堤坝和决口扇等沉积三角洲类微相区块。姬塬油田井组沉积相类型见表 1-4。

表 1-4 姬塬油田井组沉积相类型

层位	相	亚相	微相				
延 9 层	河流	平原网状	网状河道	泛滥平原	天然堤坝	决口扇	—
长 2 层	三角洲	平原	分流河道	泛滥平原	水上天然堤	水上决口扇	—
长 6 层	三角洲	前缘	分流河道	分流间湾	河口堤坝	水下天然堤	水下决口扇

(1)长三角形相位

表 1-4 中表明了长 6 层三角洲前缘亚相沉积类型。

①分流河道

三角洲前缘与平原引水航道相似,但也有差异。三角洲水系河流格局较为平直。这种沉积环境中砂体的几何形态、岩性和电学性质与平原分流河道类似,二者的主要差别是沉积形态条件不一致。水下河道分流形成的各种湾相邻,造成结果差别很大。平原导流河道地标性生物有植物化石、微生物、虫洞等。粒度概率累积数据转换为曲线模型,可以看出存在跳跃和悬浮两个阶段,占据主导地位的是偶有一级。平面上,中上游粒度大,粒度小的分布在下游,而垂直方向存在多种砂层叠加,展现了向上而下逐渐变细的剖面结构。

此外,在三角洲演化形成中,一般来说,砂体底部是河道底部与下伏地层的接触。以中砂为主,有时也有泥砾石断面,形成停滞的混合沉积物。这些泥砾石大多是定向的,有些几乎是平行的。场外泥砾石的颜色和成分与围岩有很大不同。泥砾石段的厚度一般为 4~15 cm,直径为 0.5~4.0 cm,圆度不够,呈水流撕裂的撕屑形状。个体水下分流河道砂体电测曲线表现出特殊的形状,有高振幅钟形或指形。它们顶端与水下天然堤不间断,向上逐渐变细。在各种各样条水下分流河道累计的主砂体带中,多级水下分流河道依次切割重叠,不断侵蚀下伏河道砂岩区块,由于上部的细粒砂积累,逐渐演变为重叠的基础。多条水下分流河道不断积累,形成的砂岩段物性表现较好。自发电位曲线表现出中高振幅钟形和箱形,分布多为条状带。砂体不断堆积,不仅组建了油气的主要输送通道,也为油气储存提供了场所。

②河口堤坝

河流注入湖水时,由于泥沙的影响及湖水的分流和阻滞作用,河口处流速突然降低。在三角洲堆积的演变下,河堤坝主体部分推进,逐步覆盖堤坝后尾和前端三角洲部分。岩性主要为粉质砂岩或泥质粉砂岩,岩石物性比较好,岩层低角度交错层理发育。所以,桥梁的形状表现以圆形最多,在平面上长轴方向与河流方向相互平行,竖向形成逆流队列。河道砂底面和湖相泥岩直观展现冲刷接触,组成了认知三角洲的主要标志。

沉积构造往往存在于砂层里,呈逆律向上增厚,底部为波浪状层理泥质粉砂岩和粉砂岩,向上变为细砂岩。河口沙洲中上部普遍具有良好的孔隙度和渗透率,可作为满意的储层。

而在测井响应展现的剖面序列中,绝大多数河口沙坝位置处于某一个值的下方,即自发电位曲线湖泊相通最大振幅以下。此曲线的振幅不高于其上方的水下导流通道,且不低于其下方的远沙坝或片状砂,主要呈漏斗状或阶梯状漏斗状。随着底岩含泥量增多且不断增加,比较伽马曲线分析,其降低幅度增速。河口微相沉积岩中的主要物质是细砂岩和泥质粉砂岩。

③水底倒流环

水底倒流环地处于三角洲前缘水下,相对于导流通道之间局部的微型陆注环境中。水体在下游与开阔的湖泊相通,向上游汇合。在安静、低能量的环境中,不连续的湖泊是主要的衔接要素。沉积物来自水底分流河湾的溢流,导致了洪水期相对泥质构较远的悬浮沉层塌陷积物的均匀沉积。表现出独特的性质,也就是由常态化形成一系列顶部指向上游沉积包裹的微区域泥质组成。其表现出的颜色是深灰色泥岩,有些呈现泥质粉砂岩。沉积构造特点是以水平层理为主要作业,波浪状层理为次要作业。

存在于泥岩中的化石,多数是以碳化植物为主要组成部分,大部分沿茎叶层密布,部分有煤系。其表现出的特点暗示它与洪水期的其他方面有关,并非受环境影响。与此同时,土壤生物扰动加剧,钻孔形态加快,砂土层也出现了不同程度的塌陷变形,呈现出了包裹形态结构的普遍性。

就断面结构而言,水下天然堤一般存在于水下分流间湾微相中,自然电位和伽马曲线呈低幅微齿状或线状。

④水下天然堤坝

水下天然堤坝经过河道两侧分流累计,从河道溢出的泥沙在水流作用下急速堆积,这样便形成了堤状沉积物,形成了以横截面演变为脱离通道急剧变薄的结构。颗粒层序朝上端变薄,其规格为 0.5~1.6 m;晶粒尺寸数据曲线显示晶粒尺寸逐渐变得细致。中值粒径在 4~5 μm,泥岩增加导致悬挂组件的取值在 30~45。水下天然堤坝发育首先是攀爬层理和水平层理,其次是波浪形砂线层理和变形层理。它们是由高密度流体急速形成的结果。然而,它们处于浅水环境生物状态中,并且经过湖泊再次改变。其优点是化石稀少,保存完整。大部分化石是比较完整的碳化植物茎叶化石。

(2)三角洲平原亚相

延长组第二期沉积环境为三角洲平原亚相、洪泛平原亚相、天然坝支流河道亚相和破裂扇微相。骨架砂体属于分流河道,位于分流河道之间,主要经历冲断和跨岸沉积两种沉积方式。其主要沉积微相特征概括如下:三角洲平原分流河道与河系河床的沉积特征大致相同。朝三角洲方向延伸,三角洲前缘水下分流河道逐步形成。分流河道分布广泛,为三角洲平原亚相中的骨架微相。平原导流河道同天然堤防、漫滩环境共存,有植物化石、虫洞等地标。跳跃和悬浮两级式是构成粒度累积分布曲线的主要表现形式。地层沉积以砂岩为主,岩性以灰绿色或浅灰绿色细粒砂岩为主。单个砂体厚度为 10~25 m。砂体呈正粒状结构。砂体底部起伏,呈起伏形状。下伏地层的突然变化冲刷了接触面。槽状交错层理、平行层理和板状交错层理向上发育,呈箱形或钟形测井曲线[1]。

①洪泛平原

洪泛平原是三角洲平原分流河道之间的小型洼地,它处于低能量环境中。通常,相对较远的悬浮沉积物的均匀沉积和分流河道的溢流会形成一系列指向上游的小块泥质构造和形状提示,包括裂谷扇、漫滩、沼泽等多种沉积形态。岩性是深灰色泥岩和泥质粉砂岩有节奏的薄互层。沉积构造以水平层理为主,其次为波浪状层理。泥岩化石丰富,以碳化植物为主,大部分沿带叶茎和局部煤系的平面密布。微相自然电位和伽马曲线常呈低幅微齿状或线状。

②水面上的天然堤岸

水面上的天然堤岸靠近河流的一侧较陡,外侧较慢。这个天然堤坝是由洪水和淤积形成的。三角洲平原上游天然堤坝发育良好,其高度、宽度、粒度和稳定性向下游方向逐渐变小。它的粒度比较细,主要是粉砂黏土和粉砂,从河道向两边越来越薄。横向纹理和波浪状交错,纹理发达,常见水波痕、植株插条、茎、根和穴。

③突水扇

突水扇具有突发性特征,多与洪水有关,是导流河道推进过程中突水形成的结果。岩性由粉砂岩、细粒长石砂岩和泥质粉砂岩组成。一般可从砂岩底部见到侵蚀构造。型材为正循环结构,有小交错床层和平行层理。自然电位曲线呈小钟形。

(3)延9层沉积相

延9层沉积相属于河流网络。网状河是由弯曲、深、窄、相互连接的低坡度网状水道形成的交织河网系统。通常由天然堤坝、河道、湿地、裂谷扇、沼泽和湖泊等地貌单元组成,相应的微相主要有以下沉积特征。

①网状河道

岩性以含灰砾石的粗中粒砂岩为主,沉积韵律呈正循环,大型斜层理和槽状层理发育,滞留沉积物和侵蚀构造常见。

②天然堤坝微相

岩性以灰色细砂岩为主,沉积韵律呈正循环,板块交错层理发育、沟状交错层理,天然势曲线呈钟形或箱形。

③爆裂扇微相

岩性由灰色细砂岩和粉砂岩组成,粒度略大于天然路堤沉积物。有小横铺层、波浪铺层和横铺层。充填结构和侵蚀很常见,植物化石碎片也很常见。岩体呈舌状,向河漫平原方向挤压、变薄,断面呈透镜形状。

④漫滩微相

漫滩微相特征与蜿蜒河流的沉积相相似,由泛滥沼泽、泛滥湖泊和泥炭沼泽组成。沉积地层以细粒溢流沉积物为主。漫滩分布广泛,占河流总沉积面积的 60%~90%。淤泥和黏土是网络河流的主要沉积物,二者都富含泥炭。岩性组合由深灰色粉砂岩和灰黑色泥岩组成,具有波浪状层理和水平层理。泥岩富含植物炭屑和植物化石,偶有昆虫和虫洞痕迹结构,自然电位是正,声速曲线具有尖刺状的高值。

1.2.3 沉积微相特征

平面上长 6_1 层三角洲前缘分流湾和分流河道沉积微相自东向西依次排列。三角洲前缘水下分流河道沉积是水库的主要组成部分,自西向北多处发育。南—西南—西流经该区的引水渠经常相交。砂体总厚度为 11~37 m,平均厚度为 20 m。砂地比为 0.2~0.7,平均值为 0.5。分流湾微相沉积组成各分流河道两侧,地层主要为粉砂质泥岩和泥岩沉积。

长 2_1 层和长 6_1 层沉积微相的分布特征相似,只是分水河道分布更广泛。砂体总厚度为 5.6~47 m,平均厚度为 25.0 m。砂地比为 0.2~0.8,平均值为 0.6。

网状河道砂体主要组成了延安组延 9 层储层,有两条网状河道微相自北—东北—南—西南向流经区域。砂体总厚度为 2.9~21.9 m,平均厚度为 10.0 m。砂地比为 0.2~0.8,平均值为 0.6。网状河道两侧及大部分区域为漫滩沉积微相。

1.3 储 层 特 征

1.3.1 储层岩石学特征

延安组延 9 层储层岩性是中粒灰白色岩屑石英砂岩,平均石英含量为 68.0%,长石含量为 12.0%,岩屑含量为 11.0%(图 1-1)。变质岩屑是岩屑的主要成分,粒度为 0.25~0.65 mm。对颗粒度进行分选,颗粒呈亚圆形和初级棱柱形。其填隙物总量为 9.5%,以次生孔隙为胶结类型。硅质构成了填隙物主要成分,高岭石、水云母次之(表 1-5)。

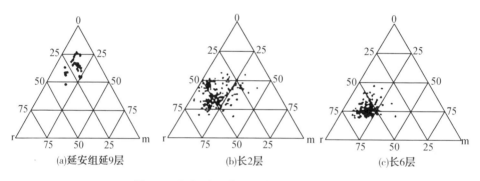

图 1-1 姬塬油田中生界岩石三角分类图

表 1-5 储层矿物成分及填隙物含量统计表

层位	岩矿成分/%										
	石英	长石	岩屑	填隙物							
				绿泥石	水云母	硅质	高岭石	方解石	铁方解石	其他	总量
延安组延 9 层	68.0	12.0	11.0	—	2.1	3.0	2.8	—	0.5	1.1	9.5
长 2 层	34.5	39.0	12.1	1.6	1.7	1.9	4.2	—	1.1	1.0	11.5
长 6 层	25.0	48.0	10.9	3.0	0.5	0.9	3.7	0.7	1.8	0.9	11.5

长 2 层岩石类型主要是灰绿色细粒长石砂岩,碎屑成分的成熟度较低,石

英含量为 34.5%,长石含量为 39.0%,岩屑含量为 12.1%,填隙物总量为 11.5%。其中,变质岩岩屑是构成岩屑的主要成分,火成岩岩屑及沉积岩岩屑次之。这说明早期的变质岩组成了本区母岩。填隙物成分有绿泥石、水云母、硅质、高岭石、铁方解石。其中绿泥石、高岭石、硅质含量较高。姬塬油田长 2 层填隙物成分电镜扫描图如图 1-2 所示。

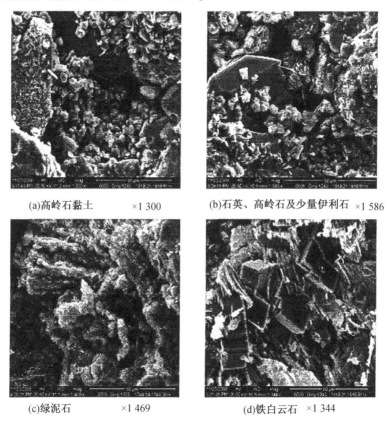

(a)高岭石黏土　　　×1 300　　　　(b)石英、高岭石及少量伊利石 ×1 586

(c)绿泥石　　　×1 469　　　　(d)铁白云石 ×1 344

图 1-2　姬塬油田长 2 层填隙物成分电镜扫描图

岩石结构成熟度更高,粒度更细,分选性和圆度更好,平均粒度为 0.20 mm。大部分储集岩样品为细砂岩(0.13~0.25 mm),粒度、圆度以亚棱-亚圆形为主,胶结型以孔隙为主。

通过对长 2 层段砂岩黏土矿物进行 X 射线衍射分析得出,高岭石是该段黏土矿物的主要成分,其次为绿泥石。伊利石的平均含量为 17.39%,伊/蒙间层平均含量为 3.03%,高岭石平均含量为 47.43%,绿泥石平均含量为 32.16%,伊/蒙间层比值<10%(表 1-6)。

本区长 6 层砂岩的岩型为细粒灰绿色长石砂岩,粒径为 0.08~0.20 mm,最大的粒径为 0.20~0.45 mm。砂岩中石英的平均含量为 25.0%,长石的平均含量 48.0%,岩屑的平均含量为 10.9%。颗粒分选,圆度碎屑颗粒多呈亚角状,以孔隙胶结和薄膜-空隙胶结为主要的胶结类型。间隙成分主要为绿泥石、高岭石、铁方解石,含量为 11.5%。

表 1-6　长 2 层黏土矿物含量统计表

井号	深度/m		伊利石/%	伊/蒙间层/%	高岭石/%	绿泥石/%	伊/蒙间层比值/%
1705	1 744.14	1 744.28	24.86	4.63	30.69	39.83	<10
1290	1 760.61	1 760.75	13.5	0.57	64.31	21.62	<10
1243	1 818.21	1 818.91	19.86	6.07	27.58	46.49	<10
1261	1 799.94	1 800.07	11.32	0.85	67.15	20.68	<10
平均值			17.39	3.03	47.43	32.16	<10

1.3.2　孔隙类型

根据薄片资料进行综合分析后,该区中生界延安组、延长组的孔隙主要有 4 种类型:溶蚀孔(长石溶孔、粒间溶孔、岩屑溶孔)、残余粒间孔、微裂缝和粒间孔,其中以残余粒间孔最为发育。长 2 层、延 9 层、长 6 层、长 4+5 层主要孔隙类型为粒间孔,其占孔比为 68%;其他各类溶孔占孔比为 32%。姬塬油田典型薄片孔隙图如图 1-3 所示。

从各油层组储层孔隙组合类型来看,主要孔隙类型是相同的,但各种孔隙在总孔隙中的比例却不同。延安组延 9 层孔隙比普遍高于延长组的长 2 层和长 6 层的孔隙比,在储层中的孔隙发育是最好的,其次是长 2 层、长 6 层。

1.3.3　储层孔喉结构特征

由典型的毛细管压力曲线(图 1-4)可以看出,延安组延 9 层的砂岩驱替压力为 0.13 MPa,喉道中值半径为 1.4 μm,分选系数为 2.5,平均孔径为 73 μm,喉部和中小喉部的毛孔是主要的。

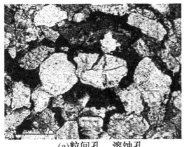

(a)粒间孔、溶蚀孔 （b）长石溶孔、岩屑溶孔

图 1-3 姬塬油田典型薄片孔隙图

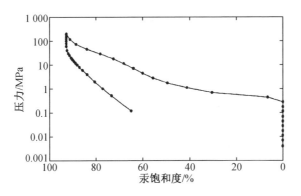

图 1-4 姬塬油田延安组延 9 层典型的主细管压力曲线图

从典型的毛细管压力曲线（图 1-5）可以看出，长 2 层油藏驱替压力为
0.35 MPa，中值压力为 3.00 MPa，中值半径为 0.28 μm，通道分选系数为 2.0，
平均孔径为 58.0 μm，孔隙结构属于中、小孔、细喉型。

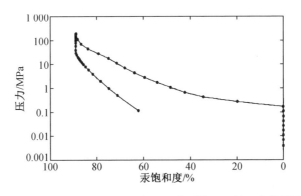

图 1-5 姬塬油田延长组长 2 层典型的毛细管压力曲线图

从典型的毛细管压力曲线（图 1-6）可以看出，长 6 层油藏驱替压力为

0.50 MPa,中值压力 4.08 MPa,中值半径为 0.19 μm,为细细喉型,沿线分选系数为 2.3,平均孔径为 25.0 μm,孔隙结构属于小孔细喉型。

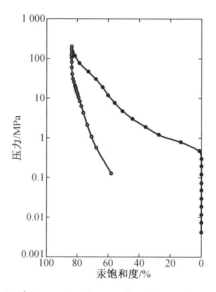

图 1-6　姬塬油田延长组长 6 层典型的毛细管压力曲线图

1.3.4　成岩作用特征

1.3.4.1　成岩作用类型

姬塬地区成岩作用强,类型复杂,主要成岩作用有压实、压溶、胶结等。

(1)压实(图 1-7)

(a)长石压实作用形成的颗粒楔状缝　　　　(b)压实形变强烈

图 1-7　姬塬油田压实作用薄片图

压实作用是该区原生孔隙遭受到破坏的主要原因。压实作用主要表现在早期成岩作用上,对埋深较浅的地层作用则更为明显。压实是造成原生孔隙减少的主要原因之一,在该区域的表现有以下几方面。

①对提高特低渗透储层的储层性能至关重要的是刚性颗粒的破裂,以及由此产生的微裂缝。

②塑料颗粒变形调整。

③碎屑颗粒接触更紧密。机械压实作用使得姬塬地区集砂体的原生孔隙通道大大减少。

(2)压溶

姬塬地区压实效果不明显,但压溶效果明显。

(3)胶结

姬塬地区胶结物类型包括硅质胶结、碳酸盐胶结和黏土矿物胶结,这是当地火山岩形成的一个重要原因。

①硅质胶结

姬塬地区砂岩波浪中常见硅质胶结作用,主要有以下两种:四次极端胶结、对空隙进行填充和加固。姬塬油田石英次生加大薄片图如图 1-8 所示。

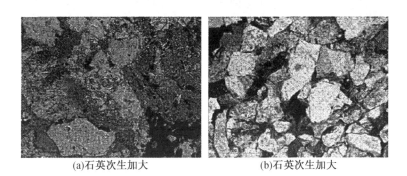

(a)石英次生加大　　　　　　　　　(b)石英次生加大

图 1-8　姬塬油田石英次生加大薄片图

②碳酸盐胶结

姬塬地区碳酸盐水泥的含量不尽相同,一般低的占水泥总量的 9.5%,高的占水泥总量的 50%,最高的可达到 75% 左右。碳酸盐胶结物有三类,分别是铁白云石胶结物、方解石胶结物、含铁方解石胶结物,含量最多的是含铁方解石胶结物。

③黏土矿物胶结

姬塬地区黏土矿物胶结类型有很多,主要有绿泥石层、高岭石层、伊利石层、伊/蒙石层、埃洛石层。绿泥石在该地区最多。孔隙充填颗粒和孔隙水的反应降低了孔隙度,次生孔隙的进一步发育也被限制和削弱了。在电子显微镜下,粗晶高岭石满满填充在晶粒间,自生高岭石填充呈蠕虫状或书状的聚集体。填砂良好的晶间孔隙岩碎屑颗粒间,高岭石是储集空间的溶蚀孔隙的重要组成部分。

1.3.4.2 蚀变与交代

蚀变作用有助于区储层物性成岩作用的建设。以胶结物溶蚀、碎屑颗粒溶蚀和杂基为主区内溶蚀作用,形成了非常有利的储层。石英、长石和胶结物受碳酸盐的影响,主要表现为交代作用(图1-9)。

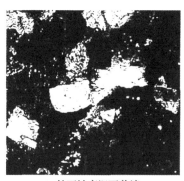

(a)长石蚀变深而普遍 (b)长石蚀变、高岭石充填孔隙或交代

图1-9 长石蚀变或交代薄片图

(1)溶解长石

长石是姬塬地区主要的溶解矿物,它能形成粒内溶孔。许多样品中的长石基本全部溶解,姬塬地区长石溶蚀作用广泛。

(2)溶解石英

由溶解石英形成的晶体微溶孔,在溶解成港口形状之后,可以看到石英颗粒的边缘,同样在样品中也可以看到。

(3)溶解碳酸盐

由于主碳酸盐胶结物是铁方解石,所以它造成碳酸盐岩溶蚀的作用一般。

由此可以得出结论:研究区的成岩作用主要有五个,分别是胶结作用、压溶作用、压实作用、溶解作用和交代作用。

1.3.4.3　成岩作用影响储层

（1）成岩作用影响孔隙度

沉积物进入埋藏成岩环境后其孔隙演化受各种成岩作用控制。一般来说，成岩作用对原生孔隙的破坏作用很强，有胶结、压溶和压实，这些是次生孔隙形成的主要原因，在砂岩储层物性的改善和修复过程中，溶蚀作用发挥着举足轻重的作用。

砂岩的粒度变细的主要原因是水动力条件表现较弱。该区主力层长 6 层砂岩主要是河口大坝、水下分流河道等沉积微相，含量比较大细颗粒物为黏土、云母等，其原始孔隙率在 25% 左右。此外，由于挤入砂岩的原始孔隙中，砂岩的原生孔隙减少，这是因为砂岩中的云母和塑性岩屑在压实过程中产生变形，在胶结（绿泥石、高岭石、水云母和硅质胶结物）过程中，原生孔一般损失 70%。压实之后的原生粒间孔损失 7.9%。以铁方解石为主的胶结物，导致原生孔隙损失 20%。因此，在胶压和压实双重作用下，砂岩剩余原生粒间孔隙度只有 3%。在碳酸盐含量较高的地区，成岩作用导致原生孔隙损失的情况更为严重。在以早期绿泥石黏土胶结砂岩为主的砂岩中，由于原生孔隙绿泥石中的石英次生膨大的发育，发育限制的保存情况相对于其他类型砂岩要略好一些。

具有重要作用的是长石溶蚀作用，它能改善该区砂岩沉积和储层性能。另外，虽然碳酸盐的溶解比较常见，但是黏土胶结物的溶解又很少见。砂岩孔隙度普遍达到 8%，有些区块甚至超过 10%，溶蚀效果有了明显提高。

（2）碳酸盐胶结物对储层孔隙的影响

储层孔隙减少是由于碳酸盐胶结作用所致，长 6 层油藏碳酸盐胶结物含量相对较高。结合砂岩数量和厚度分析可发现，砂体厚度和碳酸盐含量与砂地比呈负相关，即一般砂体累积厚度较小的地方，碳酸盐的含量较高；砂体厚度较大的地方，碳酸盐的含量较低。碳酸盐岩主要存在于河道分叉处、河床、堤坝及沉积微相的水下分流湾的过渡区，属天然水下沉积微相。碳酸盐在砂岩中含量也较高。另外，碳酸盐岩胶结物还在边缘砂岩分布，含量也较高。泥岩的厚度、集中的发育是形成这样分布的主要原因。在成岩过程中，产生的大量二氧化碳及其水溶液，经过化学反应，会有强烈的鹿角基作用，泥岩中的有机质尚未成熟，如果碳酸盐水泥含量高，则会进入邻近渗透性较好的砂岩。

1.3.5 不均质性储层

不均质性储层可分为两类,有平面型和纵向型。纵向层间、层内非均质性垂向阻塞导致好的一面是造成油气藏流体被封闭环绕,而不好的一面是渗透率的改变及丢失,使得勘探和开采开发面临诸多困难。在延长组储层比较显著的是非均质性,主要是由成岩作用和沉积相变所形成的。普遍而主要存在的因素是地质构造因素,相对较小,沉积相变慢。

1.3.5.1 非均质性平面

平均质平面是指山地储层空间变化导致的非均质性,具体表现在砂体几何尺寸、形状、孔隙大小度、渗透率等方面。孔隙的起初大小和渗透率的程度分布受砂体布局的控制。砂体的空间形态和几何尺寸直接受沉积相变化控制。因此,沉积相是平面非均质性的关键性因素。姬塬地区长 6 层位于三角洲前缘亚相,主要表现为流河道微相和河坝微相等。由砂体分布图可明显看出,长 6 层砂岩覆盖率达 3/4 以上,砂岩厚度可达到 20 m,砂岩所覆盖的范围很大、很广。

1.3.5.2 异质性层间

异质性层间以四种泥岩为主,有薄互层、粉砂质、泥质粉和砂泥岩,主要以海湾沉积的方式分布。砂岩储层形成的夹层厚度可达到 2 m 及以上,可以看作泥质岩。

通过对 24 口井进行对比,长 2 层油层组隔层统计见表 1-7。从表 1-7 中可以看出,长 2_1 层的阻碍物数量最多,单隔层平均厚度最大,其次是长 2_2 层和长 2_3 层。夹层平面分布差异较大,但各油层组主要夹层均可确定。虽然厚度为 2~10 m 的泥质岩将各油层亚群隔开,但整个区域仍是连贯的。

表 1-7 长 2 层油层组隔层统计表

层位	地层平均厚度/m	单隔层平均厚度/m	单井平均隔层厚度/m	单井平均隔层层数/个
长 2_1 层	64.01	10.23	23.4	2.24
长 2_2 层	35.93	8.23	15.46	2.03
长 2_3 层	34.36	7.56	13.27	1.84

连片状形式和透镜状形式为长 6 层砂体的主要产出形式,计算层间非均质性的一个主要参数就是层内隔夹层发育数量,长 6 层单砂层厚度为 3.0~24.6 m, 平均厚度为 5.8 m,砂岩层数为 1~4 层,分层系数为 3.1,从统计数据看(表 1-8), 长 6 层非均质性较强。

表 1-8 姬塬地区异质性层间指标统计表

层位	地层厚度 /m	孔隙度 /%	渗透率 /mD	单砂层 厚度/m	单砂层 均厚/m	砂岩层数	分层系数
长 6 层	32.5~53.5	11.2	1.07	3.0~24.6	5.8	1~4	3.1

1.3.5.3 层内的非均质性

地层内的非均质性单个砂体内的物理性质对垂直和横向两个方向变化进行了描述和解释。初步分析得出,姬塬地区地层内的非均质性因微相砂体变化而存在不一致。由此,我们得出以下结论:层内的非均质性及其变化方向是受沉积方式的决定和影响,同时也受岩相变化规律和物性规则的纵向变化的影响。

研究区分析选取 4 个渗透率系数,渗透系数、水平差、变异系数及其平均渗透率,渗透率最大值、渗透率最小值及其他参数评估和分析层内的异质性分布情况。

针对工作区地层的非均质性特征,根据渗透率变异系数、渗透系数和渗透率差异,储层可分为均匀、较均匀和不均匀。其分类标准见表 1-9。

表 1-9 层内非均质性储层分类

变异系数	突进系数	级差	类别
<0.5	<3	<10	均匀
0.5~1	2~5	<100	较均匀
>1	>5	—	不均匀

通过对区块 10 口井 149 个渗透率的岩心样品进行统计,得到各储层亚组渗透率的非均质性指标和参数。统计得出,具有较强的作用是长 2 层油层各亚群储层非均质性。渗透率差绝大部分不大于 180,变异系数为 0.6~1.7,平均值为 1.2,突进系数为 3.3~4.9,平均可达 4.12。相对而言,长 2_3 层、长 2_1 层和长 2_2 层储层的非均质性更强,长 2_1 层储层最好,长 2_2 层次之。

长 6 层的异质性大多比较均匀,其中变异系数为 0.44~2.03,平均值为 0.95;渗透系数为 1.9~5.45,平均值为 4.74;渗透率差大部分<200。长 6 层储层非均质性较强。

1.3.6 储层物性

由延安组 569 块岩心数据可知,孔隙度主要分布在 13.0%~21.0%,平均孔隙度为 16.64%,渗透率主要分布在 4.00~1 500.00 mD,平均渗透率为 236.10 mD,属于中高孔隙度、中高渗透储层,具有较好的物性。具体数据参见图 1-10、图 1-11、表 1-10。

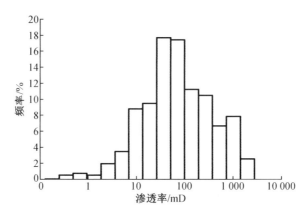

图 1-10　储层渗透率分布图

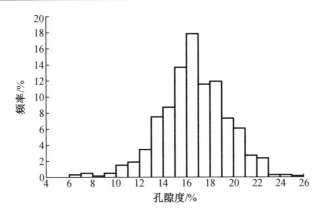

图 1-11　储层孔隙度分布图

　　由长 2 层 1 297 块岩心数据可知(图 1-12、图 1-13、表 1-10),孔隙度主要分布在 12.0%～18.0%,平均孔隙度为 14.30%,渗透率主要分布在 0.30～20.00 mD,平均渗透率为 4.96 mD,属于低孔低渗透储层。

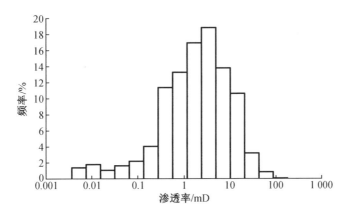

图 1-12　长 2 层渗透率分布图

　　由长 6 层 1 865 块岩心数据可知(图 1-14、图 1-15、表 1-10),孔隙度主要分布在 9.0%～15.0%,平均孔隙度为 11.60%,渗透率主要分布在 0.11～2.19 mD,平均渗透率为 0.674 mD,属于超低孔特低渗透储层。

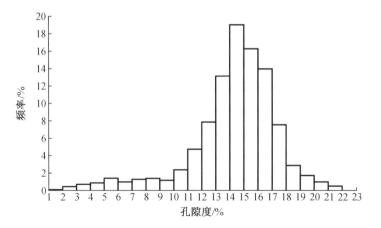

图 1-13　长 2 层孔隙度分布图

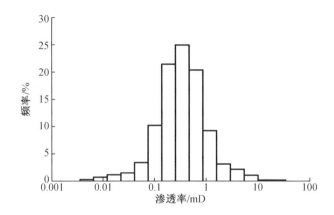

图 1-14　长 6 层渗透率分布图

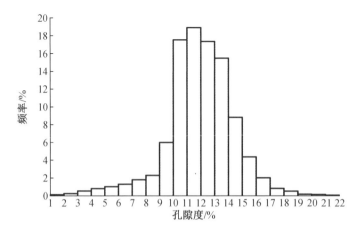

图 1-15　长 6 层孔隙度分布图

表 1-10 姬塬油田主要油层组储层物性统计表

层位	样品数 /块	孔隙度范围 /%	平均孔隙度 /%	渗透率范围 /mD	平均渗透率 /mD
延安组延 9 层	569	13.0~21.0	16.64	4.00~1 500.00	236.10
长 2 层	1 297	12.0~18.0	14.30	0.30~20.00	4.96
长 6 层	1 865	9.0~15.0	11.60	0.11~2.19	0.674

1.3.7 储层综合评价分类

延安组延 9 层储层评价为 I 类储层,为低渗透层,孔喉组合为大中孔中喉型。长 2 层评价为 II 类储层,为特低渗透层,孔喉组合为中孔细喉型。长 6 层评价为 III 类储层,为超低渗透层,孔喉组合为小孔细喉型(表 1-11)。

表 1-11 姬塬油田储层分类评价表

参数	分类		
	I	II	III
	低渗透层	特低渗透层	超低渗透层
孔隙度/%	>16.0	16.0~13.0	13.0~10.0
渗透率/mD	>10.0	10.0~1.0	1.0~0.1
面孔率/%	>8.0	8.0~5.0	5.0~3.0
平均孔径/μm	>50	50.0~30.0	30.0~20.0
填隙物/%	<15.0	15.0~20.0	15.0~20.0
最大孔喉半径/μm	>5.0	5.0~3.0	3.0~1.0
喉道分选系数	>2.70	2.70~2.50	2.50~2.00
门槛压力/MPa	<0.30	0.30~1.00	1.00~2.00
孔喉组合	大中孔中喉型	中孔细喉型	小孔细喉型

I 类型储层。该类储层孔隙发育非常完善,均匀分布,形成的岩性为中粒或中细粒长石砂岩,主要为原生粒间孔孔隙以及溶蚀粒间孔孔隙。溶孔和粒间孔组合形成的集合空间主要以粒间孔隙为主。渗透率约为 10×10^{-3} mD,而孔隙度一般会大于 16%。

压力较低的毛细管曲线窄而平坦,最大半径为 7.06~16.97 μm,中值压力在 1.19~1.49 MPa,大部分在 0.20~0.42 MPa。相对系数较高,孔喉分选指标表现差,粒度较粗。因此主要分布在延安组延 9 层油藏,可以确定为该区良好油藏。

Ⅱ类型储层。该类储层,以长石砂岩为主形成的岩性为细粒或中细粒长石砂岩,所形成的溶孔发育较为完善。溶孔和粒间孔的混合组合是主要的储集空间。溶蚀粒间孔占据了主导性优势,原生粒间孔形成很大占比。孔隙度的形成基本为 14%~17%,渗透率为 1.0~10.0 mD。

此类油藏基本存在于长 3 层、长 2_3 层、长 2_4 层,为该区分布相对广泛的油藏类型。置换压力为 0.21~0.59 MPa 的毛细管压力曲线,呈缓坡状。平均孔喉半径为 1.32~1.78 μm,中位半径为 0.31~0.76 μm,形成的孔喉排序相对良好。

Ⅲ类型储层。溶蚀孔隙相发育迟缓,岩性以细粒长石砂岩为主导。大多数储集空间为原生粒间孔、溶解粒间孔和微孔组成的复合孔。此类类储层呈现出显著优势:孔隙参数结构特点变化很大,储层非均质性表现强。以残留溶解粒间孔为主,微孔数量少,孔隙度小于 14%,渗透率小于 1.0 mD。

陡直直线呈现了毛管压力曲线,中位半径为 0.4~0.13 μm,中值压力为 5.85~8.26 MPa,最大孔喉半径为 2.02~5.83 μm,驱替压力为 0.68~0.91 MPa。平均孔喉半径为 0.52~1.22 μm。系数相对小,而孔喉分布又很广阔。此种类油藏特点主要分布在长 6 层和长 2 层。

1.4 成片套损区套损因素

1.4.1 地质因素

1.4.1.1 地层异质性

由于沉积过程中的环境不同,层内的平面孔隙度和渗透率条件及压力有很大差异。即使按照一定的标准划分地层,同一地层小地层的孔隙度和渗透率条件仍然相差很大。如果假设地层是一个恒定、平衡的应力场,但在油气田开发过程中由于注采不均,也将打破现有的应力场平衡,部分油水井将出现应力集中。应力集中会使套管发生应变,进而演变为套管损伤。

1.4.1.2　地层(油层)倾角

陆上大部分油田储层构造多为背斜构造或向斜构造。在地层侧向压应力主导的褶皱作用下,产生的背斜构造呈现中度隆升。通过对岩体受力的分析,在重力水平分量的影响下,地层倾角较小的部位套管损坏的概率比地层较大的结构轴和陡翼部位的套管损坏概率大大降低。

洛河段底部泥岩入水后,在地形压力差的作用下,上下界面相对滑动。倾角大的块比较严重,倾角小的块比较轻。地层滑移与倾角有关(图1-16)。

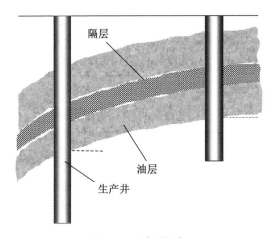

图 1-16　地层倾角

1.4.1.3　岩石性质

注水开发的泥砂岩油田在标准层水平层里发育,古生物化石丰富,具有岩性硬、地表弱的特点。注入的水渗入标准层并沿层理表面扩散。在岩石的剪切作用下,层间会发生相对滑移,挤压套管,造成套管损坏。注入的水侵蚀油层之间的泥岩和油层以上的页岩后,岩石的剪切强度和摩擦系数大大降低。岩石的膨胀力进一步挤压套管。同时,当具有一定倾角的泥岩遇水时,就会变得具有可塑性。这时,上覆岩石的压力就会传递到套管上,造成套管损坏。

长庆油田洛河段油页岩分布稳定,厚度约 10 m。通过荧光显微识别技术、露头观察、岩心观察、矿物成分测试,该层发育各类裂缝、页岩发育、沿页岩富集介形类等古生物化石。特殊的岩性结构导致了启动压力低,成为主导的进水层。洛河段标准层为页岩,渗透性差,但页岩属层理发育,化石丰富。一旦水浸入,化石富集区的层理面会被打开,水在层理面之间形成水膜。地层稳定性降低,在构造和重力作用下,会沿构造倾向方向轻微滑动,造成套管损坏。

1.4.1.4 断层活动

断层两侧压力不平衡导致套管损坏,构造应力集中形成断层。这部分力目前是积累起来的,并没有完全释放。随着油田的不断开发,岩石骨架应力发生变化,容易造成断层,使结构略有变化。断层附近地区裂缝较发育,但稳定性极差。地应力场的微小变化会引发累积能量的释放,并以不同的方式引起套管剪切损坏;当断层两侧压差较大时,容易使断层失去平衡,造成套管损坏。当断层两侧的压力不平衡时,容易使断层发生细微的变化。当稍有变化时,应力会沿着标准层的薄弱表面释放,导致板材损坏。断层的冲击和标准层的进水造成套管损坏。注入水进入断层后,通过断层流向洛河段标准层,加剧了洛河段的入水程度和入水时间。

1.4.1.5 地震活动

地震是由陆块运移碰撞引起的,由于断裂面的胶结问题,大量注入水穿过断裂带或进入油顶泥岩和页岩。泥岩和页岩吸水后,岩体膨胀,产生黏塑性,使岩体产生缓慢的水平运动。当这种缓慢的蠕变速度超过 10 mm/a 时,油水井套管就会被破坏。

1.4.1.6 地壳活动

地球在不停地运动,地壳也在不停地慢速运动。运动方式一般有两种,水平运动(平板运动)和升降运动。地壳缓慢运动产生的应力会导致套管被拉伸或损坏。

总之,地质因素可以看作套损区域内套损的内因,这些因素是不能被外部环境改变的。造成套管损坏的地质因素不是单一的,而是多种因素共同作用的结果。在分析研究套管损坏因素时,存在主次差异。例如,关于断层附近油水井套管损坏的原因,首先可能想到的是受断层活动和断层溢流的影响,但这也不是绝对的,应该从影响套管损坏的整体因素综合考虑。

1.4.2　工程因素

1.4.2.1　套管材质及钢级强度

在套管加工生产过程中,套管螺纹加工强度不足,会导致下井后螺纹处发生泄漏。井内流体通过泄漏点进入洛河段标准层,为进水提供了可能。在钻井套管柱设计过程中,如果套管钢级强度不够,抗拉强度和抗剪切强度达不到要求,下套管就会发生变形。同时,由于注入井的冲击,作用在套管上的应力比较集中,应力超过了套管的抗塌能力,也会发生套管损坏。

1.4.2.2　固井质量

固井往往会因地层压力异常、套管偏心、水泥浆置换不彻底、水泥养护过程中油气水浸入、水泥强度不足等因素而质量不佳。通过 CBL-VDL 测井,可以识别固井质量较差的井段。固井质量差的危害主要表现在两个方面:一是层间窜流严重,注入水与地层油、气、水层之间不存在堵塞屏障,层间窜流,特别是在长期高压力注水下,不良井段进入洛河段标准层,在附近地层形成水浸区,为层间相对滑动提供基础,进而形成一片套损区。二是套管外没有水泥环支撑,为地层水的储存提供了空间,在地层水末端形成圈闭区。将异常压力作用在套管上,达到套管抗塌强度,也会造成套管损坏。

1.4.2.3　完井质量

长庆油田通常采用套管固井射孔完井。射孔工艺选择不当主要表现在:一是管外水泥环不够牢固,射孔后水泥环会爆裂,造成管外水泥环缺失,出现固井质量差的情况。二是射孔工艺主要是在套管上用射孔弹打孔。射孔弹的高速射流与套管接触时会对套管造成一定的损伤。如果射孔弹选择不正确,就会发生爆裂。三是当射孔枪引爆时,出现爆破射孔枪与套管内壁贴合,扩大了套管内径。射孔枪在射孔前,通常采用套筒铣的方法,在铣削过程中对套管内壁造成了额外损坏。四是射孔密度选择不当,射孔密度通常为 16 孔/米。高密度射孔完成后,套管的承压能力将大大降低。长期高压注水压力也会对套管产生影响,造成伤害。

1.4.2.4 井位部署

井位的部署和调整是确保良好注采关系的前提。但在实际开发过程中,由于对井位布置重视不够,部分注水井部署在断层附近。注入水进入断层后,首先填充断层空间,增加了断层滑移的可能性。一旦滑移,就会对薄膜造成损坏。断层的存在形成了高速水流通道,加速了洛河标准层的水浸入,同时也会产生一段套管损伤。

1.4.2.5 不稳定注水

因开发需要,长庆油田部分井采用一般合注注水。由于小层间非均质性差异较大,孔隙度和渗透率条件较好的地层因吸水量大而形成高压带,而孔隙度和渗透率条件差的地层形成低压带,变化的是相对低压区,层间压差逐渐增大,为层间滑动创造了条件。此外,为了提高油田产量,过去一直采用强注采油方式。由于区块间注采不平衡,部分地层出现超压超注或低压欠注,进一步扩大了驱油面积,增强了岩层间稳定性,引发成片损失。此外,由于需要采取作业、修井、压裂等开发措施,所以需在措施前停注注水井,采取措施后恢复注水。短时间内注入压力的变化也会改变套管地层的交变应力,会导致套管损坏井的出现。当地层压力不平衡时,在高压井点附近的地层中会形成微裂缝(包括套管与油层之间的水泥环形成的裂缝)。如果长时间不能释放高压,地层中的微裂缝会演变成明显的裂缝并继续延伸,最终形成无油层的进水通道,导致套管损坏。

1.4.2.6 注水井日常管理

高台子油层沉积于三角洲前缘相,河道砂体多呈分支状分布。当注水位于河道而周边采油井砂体发育不良时,会严重影响井组注水效果,长期注水开采会造成高压层套损。

套损常发生在泄压慢、压力高的薄差层。在沉积环境较差的高台子油层,部分井组注采两端油层发育不良。在长期注水过程中,油层发育连通,油水井不能有效释放压力,长期处于全高压状态,导致套管损坏。

综上所述,工程因素是造成套损区套损的外因,套管损坏多是油田开发过程中某些措施选择不当造成的。对于油水井来说,防止套管损坏应该从研究这些外部因素开始。从钻井完井到日常注水开发,只要某个环节没有考虑周全,就有可能造成油水井套管损坏。因此,我们应该从整体角度出发,仔细考虑套管损坏区域内每口井的施工过程,确保没有外部因素的干扰。

1.5　套损井隔水采油技术研究

目前研究区有套损井 56 口,套损影响产能 115.8 t/d,主要分布在长 2 层、长 6 层、延 9 层等油藏。早期套损井的防水采油技术主要以 Y211 常规封隔器和一次性封隔器为主。然而,随着套损井的井筒状况日益恶化,常规封隔器抗蠕变能力差、座封有效性短、座封密封性差等情况随之出现。成功率低等缺陷不利于油田剩余油的开采,不能满足油田降本增效的需求,这对姬塬油田长期稳产提出严峻考验。因此,分析套损井隔离技术现状,开展不同工况下的机械隔离工具选择和现场试验,对姬塬油田的高效开发具有重要意义。

1.5.1　常规机械隔水采油工具结构原理及影响座封因素

套损井隔水采油技术由于施工简单、成本低,已成为目前最为经济、有效的套损采油方法。世界上最早使用的封隔器是美国的“种子袋”封隔器,美国先后发明了裸眼封隔器和单卡瓦封隔器。中国封隔器的发展晚于美国和苏联,但近几十年来也得到了突飞猛进的发展。特别是 1986—1995 年,中国先后开发了采油、注水的特殊应用封隔器。

姬塬油田套损井的早期处理主要以 Y211 常规封隔器和一次性封隔器为主。由于机械隔离处理单一,所以无法在早期根据套损井的井筒情况确定合理的隔离技术。

1.5.1.1　Y211 封隔器

Y211 封隔器结构原理图如图 1-17 所示,Y211 封隔器主要由隔环、调节环、胶筒、中心管、锥体、卡瓦、限位环、摩擦块、转环、扶正环等组成。其中座封、解封采用提放管柱,用于油田的压裂、采油、酸化、试油、注水、测试等多种工艺。因其采用上提下放管柱方式座封,上提方式解封,操作工艺简单。由于 Y211 封隔器单卡瓦支承、座封灵活可靠、使用高温胶筒、与水力锚配套使用、可进行压裂等工艺,被广泛用于采油、找水、堵水和酸化等场合。其可单独使用或与Y111 封隔器配合使用,但是在个别油田隔水采油过程中表现出较差的性能。

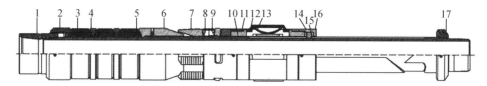

1—隔环;2—调节环;3—胶筒;4—隔环;5—中心管;6—锥体;7—卡瓦;8—弹簧;9—卡瓦座;
10—扶正块座;11—限位环;12—摩擦块;13—板簧;14—轨道销钉;15—转环;16—挡帽;17—扶正环。

图 1-17 Y211 封隔器结构原理图

以下 6 个方面将会影响 Y211 封隔器抗蠕变性、座封成功率和座封有效期:

(1)封隔器设计座封吨位为 6~8 t,座封后靠近封隔器上部的油管易与油杆发生偏磨,造成漏失。

(2)就单向的卡瓦而言,当油井生产参数较大时可能形成蠕变,将会导致胶筒损坏以及卡瓦不能起到有效的支撑作用,封隔器因此会失去效力。如 YU36-88 井座开封之后,因冲次大引起蠕变,生产 6 h 后,封隔器失去了效力。

(3)套损井里的井筒现状不好,尤其是套管壁结垢严重时,垢渣会容易堵塞卡瓦,卡瓦支撑力下降造成卡瓦下滑,从而导致座封无效。如 S21-9 井于 2016 年 11 月 23 日座封时卡瓦被垢渣堵塞,致使其座封失效。

(4)座封后,套管环空上部与有堵塞胶筒相接时,很难解封,造成大修。

(5)座封时的上提高度必须与座封吨位一致,多次座封试验会使封隔器卡瓦失效,从而导致封隔器的胶筒损坏。

(6)当同一口井多次座封时,卡瓦会对套管壁造成二次套损。

1.5.1.2 丢手封隔器

丢手封隔器是一种简单封堵工具,可以用 Y211 封隔器来替代桥塞,用于封堵下部油水层开采上部油层的场合。其丢手结构简单,使用此类的座封方式,将形成组装封堵专用工具,现场实施简便安全,有很广的使用范围。

但丢手时因采用投掷工具井下投送方式,封隔器效力会减弱或者失去。与此同时,丢手和封隔器并非整体,由于惯性作用,也会存在封隔器卡瓦无效的情况。因此也存在诸多缺陷,比如座封出现故障、掉入井内不易打捞等,应用效果不是很理想。表 1-12 为丢手封隔器现场应用情况。

表 1-12　丢手封隔器现场应用情况

序号	区块	井号	投产日期	层位	座封前生产情况			座封工具	座封效果	备注
					日产液/m³	日产油/t	含水率/%			
1	黄 3 长 8 区块	塬 59-90	2011-06-05	延 6	13.8	5.9	49.6	丢手+Y211	未能有效封堵	丢手封隔器,未能有效捞起,待大修
2	沙 106 区块	沙 26-13	2007-07-17	延 3	2.6	1.5	30.4	丢手+Y211	未能有效封堵	使用两次丢手封隔器,未能有效座封,使用桥塞封堵成功

1.5.2　机械隔采工具选型

针对常规封隔器抗蠕变性差、座封有效期短、座封成功率低、开封困难、杆管偏磨严重等问题,通过对套损井腐蚀因素、井筒状况分析套损井和不同封隔器的结构特点等,合理选择座封工具。同时,对不同类型封隔器进行现场试验,总结出不同工况下处理套损井的有效措施,以达到对套损井进行有效治理的目的。

Y342-115 封隔器、具有长效作用封隔器 LEP、Y446-115 桥塞及套管补贴工具在套损井措施中的使用,能较好地克服常规封隔器的缺点,同时延长座封有效期,其应用成果在姬塬油田获得了较好效果。

1.5.2.1　Y341 封隔器

Y341 封隔器主要是由锁环、胶筒座、平衡活塞、解封钉等部件组成,主要采用液压座封和升降启封方式,如图 1-18 所示。因其入座时不承受管柱压力,也无卡瓦装置,故可有效解决 Y211 封隔器杆管偏磨、套管损坏、开封困难等问题,被广泛用于分层注水和采油过程中。当其用于油井上下密封生产时,泵在封隔器上方需要相关配套工具协助才能完成阀座密封。

由于 Y341 封隔器没有卡瓦,蠕变容易造成胶筒损坏而失效,不适用于泵冲程大的场合。同时,阀座密封还需要配套泵车和工具辅助才能完成阀座密封。
S27-14 井隔采记录见表 1-13,生产曲线如图 1-19 所示。该井于 2015 年 5 月
投产,至 2017 年 4 月共进行 6 次隔采,后三次使用 Y211 封隔器立井,钻头全部
卡死。其中,由于封隔器卡死造成了二次大修。2017 年 6 月使用 Y341 封隔器
处理,泵出时无堵塞,产能恢复至 1.5 t/d。

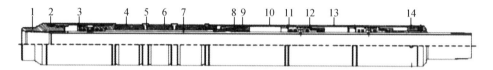

1—上接头;2—解封钉;3—平衡活塞;4—胶筒;5—隔环;6—胶筒座;7—中心管;
8—锁环座;9—锁环;10—锁套;11—动活塞;12—定活塞缸;13—活塞缸;14—启动封钉。

图 1-18 Y341 封隔器结构原理图

表 1-13 S27-14 井隔采记录

序号	上修日期	上修原因	封隔器类型	备注
1	2015-08-26	投产时分层	Y211	—
2	2016-07-10	卡泵	Y211	—
3	2016-09-11	油管漏失	Y211	—
4	2017-01-12	封隔器失效	Y211	解封时遇阻
5	2017-03-04	卡泵	Y211	解封时油管落井
6	2017-04-09	封隔器失效	Y211	解封时遇阻
7	2017-06-13	泵筒被泥垢堵死	Y341	—
8	2017-07-10	隔采座封	Y341	—

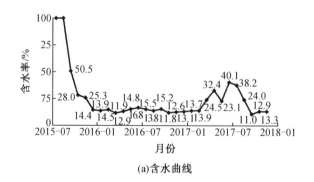

(a)含水曲线

图 1-19 S27-14 井生产曲线

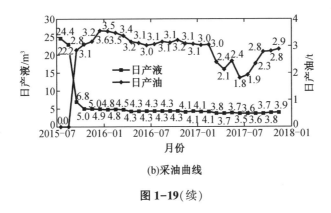

(b)采油曲线

图 1-19(续)

1.5.2.2　LEP 长效封隔器

LEP 长效封隔器主要由密封机构、锚定机构、密封机构、自锁机构、活塞运动机构、插管等组成。LEP 长效封隔器采用液压座封、升降工具开封。LEP 长效封隔器座封原理图如图 1-20 所示。

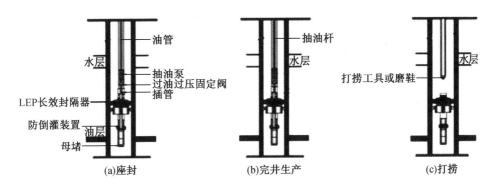

图 1-20　LEP 长效封隔器座封原理图

LEP 长效封隔器具有以下几个优点:锚固机构采用双向卡瓦,有效解决抗蠕变差问题;密封机构的 K 密封和 Y 密封位于 Y 密封两侧和摊铺机制,有效保护卡瓦,易于拆包;封隔器由 K、Y 两个液压密封机构组成,当其中一个失效时,另一个也能保护密封,因此密封成功率高,密封有效期长;采用插管结构,检查泵时只需更换插管密封圈,可有效节约成本;同时具有防灌注功能,防止地面二次污染。常规封隔器的缺陷被 LEP 长效封隔器有效解决,现场应用效果良好。

将工艺管柱下放至井内,用泵车将液体打入管柱,加压至额定压力座封,起出加压管柱。最后将油管下放至插管压入套管内封隔器中心管内,下入活塞和抽油杆,完成生产后期检泵作业只需要插管作业。

C30-53 井封隔器入井。该井于 2013 年 7 月投产,2015 年 12 月套损,套损前日产油 2.9 t。套管损坏后,用 Y211-114 封隔器密封 5 次。座密封件有效期仅为 7 d,2016 年 10 月 8 日使用 LEP 长效封隔器座封。2017 年 9 月 5 日井含水升至 100%,含盐量由 41 535 mg/L 降至 9 101 mg/L,产油量由 2.7 t/d 降至 0,液位上升 200 m,保压正常,显示洛河层水特性。2017 年 9 月进行泵检作业,检查管柱。泵下第 34 根油管和封隔器上第 44 根油管被腐蚀穿孔。检查泵更换套管密封圈,开抽产能恢复正常。与一般机械隔水采油 Y212 封隔器相比较得出该井二次作业周期;使用 LEP 封隔器后,有效期增加了 454 d;另外,按机械泵检查保养周期换算泵维修费用,每年可节省措施费用 22 000 元;最后,LEP 长效封隔器阀座采用双向滑动结构和液压阀座密封,具有更好的抗端移能力,可以降低座封失效的概率。

2020 年,油田试井 22 口密封有效期由 87 d 延长至 215 d。

1.5.3　桥塞

桥塞包括可钻式桥塞和可收回式桥塞两种。其中,Y445 可收回式桥塞应用广泛,由松开机构、锁定机构、打捞机构、锚固机构和调节机构五部分组成。针对丢手封隔器易失效、难以打捞、座封失效率高的问题,开展了 Y445 桥塞试验,试验效果良好。但由于泥土杂物沉入打捞空间,且无砂袋,有效清井存在打捞困难的问题。为解决 Y445 桥塞打捞困难的问题,对尾管底部和上钩头进行了重新设计。

改进后的桥塞可与多根尾管连接形成砂袋,可用普通伸缩矛或滑块矛进行打捞。如果尾管堵塞,鱼头堵塞,将泵活塞和螺旋钻焊接在一起,可以清洗和拆卸鱼头,实现有效捞鱼。目前该方法已被应用,有效生产 587 d。

1.5.4　软金属(膨胀管)套管补贴

该工艺过程主要是利用液压机械对金属进行压缩和膨胀,从而与套管内壁产生挤压密封。同时将两端卡瓦锚放在套管壁上,修补漏水部分。多用于多封无效井、连续腐蚀断面或腐蚀断面多的油井。

针对套管连续腐蚀穿孔、多封无效井或无有效封井位的井,开展试管软金属试验,补贴 5 条,有效 5 条,日增油 12.3 t,累计增油 927 t,见表 1-14。

表 1-14　2018 年套管补贴井实施效果统计表

序号	井号	层位	补贴日期	座封后生产情况			补贴后生产情况			日增油/t	备注
				日产液/m³	日产油/t	含水率/%	日产液/m³	日产油/t	含水率/%		
1	堡 31-39	长 4+5 层	2018-07-11	3.74	0.29	90.9	2.85	2.08	14.1	1.79	长停井
2	地 92-92	长 4+5 层	2018-06-13	9.77	0	100	2.50	1.60	24.8	1.60	补贴后二次座封
3	地 93-96	长 1 层	2018-11-07	21.80	0	100	25.50	5.93	72.6	5.93	—
4	沙 51-32	延 9 层	2018-08-09	13.82	0	100	9.57	2.59	68.2	2.59	补贴后,措施
5	塬 56-86	长 9 层	2018-11-04	26.12	0	100	8.12	0.38	94.5	0.38	—

与封隔器隔离采油相比,套管补贴可以有效解决多井无效及腐蚀井多而无有效封孔的问题,但成本高且不易解封。

1.5.5　验封方法

部分井可能出现既套破又见水的情况,为避免误座封,探索出了不同类型封隔器有效的验封方法,见表 1-15。

表 1-15　各类封隔器验封方法

封隔器类型	座封时验封方法	座封后验封方法
Y211 封隔器	油管上提下放后,若悬挂油管质量下降 6~8 t,证明座封成功	用泵车将水打入套管,套管压力升至 3.0 MPa 左右,井口放空不出液,停泵后压力迅速降至 0,证明封隔器有效座封、未失效
Y341 封隔器	座封完成后缓慢下放油管,若悬挂油管质量下降 2~3 t,证明座封成功	
LEP 长效封隔器	座封完成后缓慢下放油管,若悬挂油管质量下降 2~3 t,证明座封成功	

1.5.6　取得效果

1.5.6.1　座封有效期大大延长

采用 LEP 长效封隔器对 22 口油井进行隔离抽采,座封有效期延长 128 d;采用 Y341 封隔器对 6 口油井进行隔离抽采,座封有效期延长 22 d;Y445 桥塞两用,阀座密封有效期延长,目前达到 587 d;实行套管补贴 5 次,延长封堵有效期 119 d。封隔器座封有效期对比见表 1-16。

表 1-16　封隔器座封有效期对比

序号	措施	使用井数/口	前期座封有效期/d	目前座封有效期/d	座封有效期延长/d
1	LEP 长效封隔器	22	87	215	128
2	Y341 封隔器	6	163	185	22
3	桥塞	2	0	587	587
4	套管补贴	5	0	119	119

1.5.6.2　经济效益

LEP 长效封隔器座封按封隔器当前生产天数计算,折算年检泵周期,22 口独立生产井年运行成本约降低 32 万元。套管补贴按当前增油量计算,5 口隔采井经济效益约增长 150 万元。

第 2 章　套损井机理研究

2.1　国内外研究现状

国内外许多油水井套损严重,而破损的套管会使油田产量下降,还可能直接导致油水井停产报废。20 世纪 70 年代以来,伴随着高浓度的二氧化碳(CO_2)油气田的陆续开采开发,研究者对腐蚀破坏因素和机理、腐蚀保护及防护措施等进行了深入的探索与研究。通常我们认为影响 CO_2 腐蚀的主要因素之一是温度,主要表现为对腐蚀产物膜密度的影响,导致了腐蚀速率的变化。通过研究 CO_2 分压对腐蚀的影响,得到了这样的结论:CO_2 腐蚀的经验公式说明 CO_2 分压会增加腐蚀速率。在腐蚀过程中,腐蚀形式和腐蚀速率的决定性因素就是材料表面形成的腐蚀产物膜和腐蚀产物膜的流速。所以,对 CO_2 腐蚀研究的重点已转移到对其腐蚀产物膜的研究上。

腐蚀产物膜的研究揭示了膜的形成机理、力学性能、结构特征、导电性和化学稳定性等,讨论在传质过程中对膜的影响因素,以便更好地理解腐蚀的速率、过程、腐蚀产物膜和腐蚀形式(局部腐蚀和点蚀)具有的重要意义。针对油套管 CO_2 腐蚀这样严重的问题,美国腐蚀工程协会(NACE)成立了 T-IC 组,专门从事对 CO_2 腐蚀与防护技术的研究。

我国最早是在玉门油田发现了油气井套管损坏的。20 世纪 80 年代后期,其他诸如胜利、华北、辽河、四川、长庆、大港等油田也相继发生了套管损坏,发生的原因不尽相同。自 20 世纪 90 年代以来,我国油田套管损坏情况逐年上升,至 1993 年,有超过 13 500 口井发生套管损坏。随着我国主要油田开发进入中后期,套损井数和套损程度也随之增加,套损已成为影响我国油田正常生产的重要原因之一,呈现数量多、分布广、开发速度快、逐年增加的趋势。从东部油田到西部塔里木油田、吐哈油田和塔河油田,都出现了大量套损井。其中,胜利、中原、大港和吉林等油田套管的损坏尤为严重,套管损伤井占生产井的比例分别是 36%、20.1%、39.1% 和 30%。

截至 2020 年底,长庆油田套损井数已占已经投产油水井数的 17.86%。有数据表明,平均每 6 口井中就有 1 口井套管受到损伤,致使井组不能正常生产。2021 年,姬塬 3 个油田油水井中,套管损坏 752 口,占油水井总数的 37.4%;玉门油田共 1 366 口,其中有 644 口发生了套损,占其油水井总数的 48%;冀东油田套损井超过 125 口,占其油水井总数的 21.3%。此外,青海油田、辽河油田、吐哈油田也存在严重的套损问题。套损严重地影响了各油田的正常生产,是当前各油田生产面临的重要问题。

我国对套管破坏机理的研究从 20 世纪 70 年代后期才开始。虽然起步比较晚,但理论探索十分活跃。国内针对 CO_2 油气腐蚀的研究始于 20 世纪 80 年代。其中,四川天然气研究院、大庆油田设计院有限公司、西安石油管材研究所、中国科学院金属研究所等单位,都先后开展了 CO_2 腐蚀与防护问题的各项研究工作,取得了成功,并控制了由 CO_2 引起的整体腐蚀。虽然当前研究有一定效果,但若要有效控制局部腐蚀,还需要做进一步的研究工作。

2.2　油田套损因素

随着油田开发时间延长,因套管不能正常生产,油水井的维护和生产成本明显增加,产量下降。套管损坏普遍存在于国内外油田中,是所有油田开采方共同面临的问题。造成套管损坏的原因不尽相同,就套管损坏的单个因素而言,占套管损坏井的极少数。造成套管损坏的原因主要有油水井自身存在的质量缺陷、油水井地质特性、套损的工程原因、化学腐蚀因素、电化学腐蚀因素、生物腐蚀因素等。现在对这些原因进行分析。

2.2.1　油水井自身存在的质量缺陷

采油井和注水井自身的质量缺陷主要有套管质量存在缺陷、井内结构特殊等。

2.2.1.1　套管质量存在缺陷

套管的质量在相关的规定中有极其严格的要求,包括材料成分、冶金参数、机械性能、应力反应等方面。制造厂加工精度有内螺纹、外螺纹、管厚、椭圆度、弯曲度、螺纹参数、密闭性能和结构严密性。如果井内套管出现某一个方面的问题或质量缺陷，都可能造成套管泄漏、不稳定、脱开、破裂等损坏。就我国而言，虽然生产套管厂家有很多，但质量参差不齐，所以在套管选择时，应选择质量有保证的生产商。与此同时，套管下井前必须全方位无死角检验质量特性，确保无缺陷，保证质量才是避免套损的重要手段。因为如果一口井中的数百个套管其中一个出现问题，该井将无法满足使用要求。

2.2.1.2 井内结构特殊

由于设计方面要求、井内底层因素及在打井钻井过程中出现的施工等原因，井眼一般呈不规则倾斜状。由于套管具有弹性，长期在井里弯曲，应力释放不出去，会使得套管内出现应力集中、集聚，尤其是在转弯较大的井段，在应力作用下套管会形成不稳定的变形、变样和损伤损坏。由于井筒的复杂性，套管在井下时对外表面产生严重摩擦，对防腐层造成破坏。套管变形发生时，套管内壁上的保护层脱落消失，套管失去保护，腐蚀介质直接接触套管内外，对套管造成损伤、腐蚀。因此，在新井设计阶段，应考虑套管腐蚀问题；施工时，按照设计数据和文件进行；井筒结构因工程原因复杂，应控制泥浆参数，保证井筒畅通；在变化套管运行过程中最大限度地减少套管内外壁磨损，对套管进行保护。

2.2.2 油水井地质特性

目前，油水井的深度有几百米的，甚至还有几千米的。不同区块采油井和注水井的形成条件也有很大差异。由于地质环境对油水井造成损害的因素可归纳如下：膨胀引起的套管损坏吸水变化、岩石移动挤压造成套管损坏；井内出砂占据一定空间造成的套管损坏；盐岩蠕变腐蚀和坍塌造成的套管损坏；井内断层造成的套管损坏；地震等自然灾害造成的套管损坏；在地质环境中，井筒受到应力的影响，诱因如果被激发，可能发生蝴蝶效应，套管上的应力就会发生不可估量、不可判断的变化，当变化的外力超过了套管承受的极限时，就会发生管变形，造成套管损坏。各种地质因素变化不固定、相互影响和单一作业都会造成套管损坏，而这种地质因素和地质环境造成的套管损坏具有区块性，还会对采油井和注水井造成类似的损伤和损坏，也会对油井的正常生产产生不利影响。所以，对地质环境和特性、影响因素判断机理方面的探究分析显得尤为重要。

2.2.2.1　出砂造成套管损坏

在管道上,当作用在套管上的应力大于套管所能承受的极限时,套管就会受到挤压或变形,且松散砂岩层的岩石颗粒胶结较弱,产层产砂主要存在其中。这些年来,专家对油藏出砂套管损伤机理进行了大规模的理论和实践研究,得到共性的认识:往往在射孔附近发生油藏出砂,在随着油层不断出砂的情形下,射孔会产生空洞。伴随出砂量增大,油层段呈现出各种空洞,这些空洞有大有小,最后覆盖了整个油层的厚度。此时,油层中的液体源源不断地产生,所存在的压力缓慢降低。当油层上层压力超过油层段压力,且压力大于油层段岩石骨架支撑应力时,导致起油层段岩石塌陷破坏,动态平衡被破坏,就会使套管产生变形。

2.2.2.2　泥岩吸水蠕变和膨胀造成套管损坏

近年来,针对蠕变、泥岩、膨胀、吸水等原因引起套管损伤的机理,国内外专家和学者对此做了不少工作,取得了一些成果。他们采用数学模型,对泥岩进行蠕变、吸水、膨胀,用计算机模拟在相同条件下的地层试验,并对数据进行分析统计。将计算机数值模拟计算与试验室模拟相结合,对蠕变、泥岩吸水和膨胀引起油水井套管损伤的机理有了深入研究。在稳定地层中,泥岩的蠕变随着泥岩的含水量增加而增加,这样使岩石蠕变载荷作用在油水井套管上的作用不断增加。地应力作用在套管上的力分布不均匀,随着时间推移,荷载逐渐增大,最终导致套管变形或损坏。

2.2.2.3　岩层变化导致套管损坏

岩层造成套管损坏的地质基础是存在于岩层中的弱吸水性强的夹层。这些夹层的稳定性极差。吸水之后,层内岩石矿物的物理性质发生了变化,强度变差。在上、下稳定地层的挤压下,弱夹层失稳滑移。正常情况下,在不吸水时这些弱夹层是稳定的,但是当开发的油田在某个阶段需要注入补充能量时,伴随着注水井压力不断升高,注入的水就会溢出,并通过孔隙或裂缝进入弱夹层。所以,因岩层滑动引起的套管损坏主要发生在注水开发的油田。通过对高压注水套管损坏案例的研究,得出以下结论:在相同注水井网中,油井套管损坏发生时间早于水井,且套管损坏发生在同一层,相邻井的套损时间非常接近。

2.2.3　套损的工程原因

工程因素作为因素之一往往会引发其他因素造成套管损坏。在钻井过程中的各种措施,如固井过程和质量对套管施加外力、给油井注水、对油水井进行压裂和酸化,原始客观稳定的地质因素和自然条件发生变化。应力变化对套管损坏错断是产生的主要原因。因此,对工程因素的研究十分重要。工程方面原因作为套管损坏最直接的原因,也是人们最容易控制和掌握的因素。

2.2.4　化学腐蚀因素

在油气田开发过程中,由于土壤、地层内部复杂,化学腐蚀随之产生。在套管损坏原因的占比中,化学腐蚀因素占了主导地位。在采油井和注水井的内部介质溶液中,在二氧化碳(CO_2)、硫化氢(H_2S)、氯离子(Cl^-)等多种介质综合作用下引起了腐蚀。H_2S、Cl^-水解使水介质呈酸性,产生氢去极化腐蚀。

H_2S在水介质中与铁(Fe)直接反应:

$$Fe+H_2S \longrightarrow FeS+H_2$$

CO_2溶于水生成:

$$CO_2+H_2O \longrightarrow H_2CO_3$$

$$Fe+H_2CO_3 \longrightarrow FeCO_3+H_2$$

氧气(O_2)与Fe直接反应:

$$Fe+O_2 \longrightarrow Fe+FeO+O_2 \longrightarrow Fe_2O_3$$

2.2.5　电化学腐蚀因素

电化学腐蚀一般情况下在阳极、阴极、电解质和导体作用下就可以发生,而在油水井中,由于油水井不断开采,其中的含水量逐年上升,各个油水井中含有大量的氯化钠(NaCl)、氯化钾(KCl)和H_2S,这些物质都极易溶于水,形成强力的电解质溶液,造成油水井的电化学腐蚀。油田的各个油水井,往往都是在强电解质溶液中工作的。油水井中的管道材料大都是金属材料及非金属元素组成的碳钢和合金钢,由于管道材料的电极电位差异,在强电解质溶液的作用下,比铁元素电极电位高的物质成为阴极,铁元素成为阳极,组成腐蚀电池的两极,在电解液作用下铁失去电子被氧化。从微观上分析,碳钢的基体组织为珠光体、铁素体,珠光体组织是由渗碳体(Fe_3C)片层与铁素体片层相间构成的,铁素体和渗碳体因电位差而形成腐蚀微电池,渗碳体片层为微阴极,从而在碳钢表面形成成千上万个微电池,作为阳极的铁转化为铁离子进入溶液,从而形成了腐蚀。油田套管的工作环境就是在油水井中,而油套管的腐蚀主要是油水井中的介质发生的腐蚀,油管的腐蚀过程就是组成油管金属的阳极氧化和阴极去极化剂还原这组反应同时自发进行的过程。姬塬油田的油水井与一般油田的油水井一样,都广泛存在着 CO_2,干燥的 CO_2 本身对油套管并没有腐蚀作用,不过油水井中的环境并不是干燥的,其中的含水量较多,尤其是对于已经开采一段时间的油水井和老油水井来说,含水量会更高。而 CO_2 在遇到水之后会形成酸性溶液,会对油套管形成全方位的腐蚀。CO_2 的腐蚀在含水量较高的油水井中更为常见,尤其是 CO_2 溶于水之后产生的强酸溶液会对油套管中的非金属碳钢物质造成极大的腐蚀,最终造成油套管的腐蚀。随着油水井开采时间的累积,CO_2 的腐蚀会越来越严重。

2.2.6　生物腐蚀因素

油套管腐蚀中最为常见的生物腐蚀是细菌腐蚀,主要有硫酸盐还原菌、黏液菌以及铁细菌等三种细菌。在一种较为全面的环境中,环空内部的液体会处于一种静止状态,在其中注入相应的水源,温度就会随着水容量的不断提升而提升,这就为各种细菌的繁殖以及滋生提供了优异条件。在各类细菌腐蚀问题中,最为严重的是硫酸盐还原菌,它占据整体油套管细菌腐蚀现象的 50% 以上。硫酸盐还原菌的腐蚀过程,就是将硫酸根转变为二价硫,在与油套管中的铁产生化学反应后,转变为黑色的硫化亚铁(FeS),对油套管产生十分严重的影响。

硫酸盐还原菌属于一种能够高效吸收各种有机物质,并将其转变为营养物质的细菌,这种细菌的生长速度会受到周边温度的影响,一般温度提升 10 ℃ 左右硫酸盐还原菌的生长速度就会提升 2 倍左右;但如果超过标准温度,细菌就会死亡。同时,硫酸盐还原菌所引发的油套管腐蚀问题,其菌体所带的聚集物会进入地层,引发严重的地层堵塞问题,从而导致不断提升注水压力,大大降低整体水量,甚至还会影响原油开采产量[3]。

2.3　套损机理分析

套管损坏主要原因是由于地层发生滑动运动造成层间发生套管的断裂损坏和弯曲。长庆油田勘探开发研究院研究发现,长庆油田油水井73%的套管损坏是发生在洛河层底部的,此处是泥岩层与其他岩层的交界处。长庆油田套管损坏的主要原因是泥岩吸水蠕变引起的层间滑移。在注水开发油田中,当注水压力超过地层的破裂压力时,会在泥岩层界面附近产生微裂缝。注入的水沿微裂缝入侵泥岩层。泥岩吸水、软化和膨胀会导致地层滑动。与此同时,界面微裂纹聚集从而形成宏观界面裂纹,并在地层不良的推动下开始扩展。在泥岩蠕变及界面裂纹扩展的过程中,界面附近的应力高度集中,地层界面裂纹尖的变形远高于地层其他部位,因此,油水井套管地层载荷集中于地层界面附近,从而导致了界面附近套管频繁损坏。而随着泥岩层吸水率渐渐增大,使得泥岩层的界面摩擦系数和刚度值变小,泥岩界面处剪切载荷变大,最终使得地层滑动导致油套管和注水井的损坏。在长庆油田套水管破损调查中,收集并分析了581口套损井的数据,发现有504口井的套管损坏是发生在泥岩层与其他岩层的交界面,占比89.65%;新疆第三采油厂86%的套管损坏发生在泥岩层热界面;主油层位于泉四段,其盖层为青山口组泥岩。两者交界处的套管损坏占总套管损坏的比例超过70%。

2.3.1　套管损坏挤压缩径的机理

套损的另一种表现是套管的挤压直径。有关于套管挤压缩径机理,目前存在不同的看法。通常认为,造成套管压径的原因是非均匀地应力场的存在。在不均匀地应力的作用下,泥岩蠕变会对套管产生不均匀外挤压力。它的大小随时间的延长而增加。开始时,增加的速度较快,一段时间后,增加的速度减慢,套管上的蠕变载荷渐趋于稳定值。在套管周围,蠕变载荷会因方向不同而不同,载荷大小与夹角有关(最大水平主应力方向之间的夹角)。在最小水平主应力方向受力最小,在最大水平主应力方向受力最大。结果是,在套管周围形成了非均匀外载荷,它随时间延长呈径向分布。

因为套管的蠕变载荷在最小水平主应力方向的直径变大,套管在最大水平主应力方向的直径变小,逐渐变成圆形,其圆度随时间增加。当套管可承受不均匀岩石外部载荷时,其圆度最终趋近一个稳定值,这个值套与管的刚度和地应力的大小有关。增加地应力会导致作用在套管上的岩石蠕变外的载荷相应增加,从而加剧套管的变形。当局部的应力增大到一定程度时,作用套管端部的强度大于套管的强度时,套管即开始变形,变形慢慢增大,直到套管最终破裂。

套管通过水泥环与地层紧密结合是岩石蠕变外载荷的原因。在油田开发的初期,地层蠕变较小,套管并不会受地应力的影响,只承载管外泥浆。普通套管不会发生套管变形。经过注水开发之后,情况发生了变化。将水注入砂岩油层,水渗透于孔隙中,因为岩石骨架未软化,所以地应力不变。而将水注入泥页岩时,泥岩会吸水软化,起到成岩作用的胶结力则逐渐消失转为塑性,呈螺旋变形,速度加快,不均匀的应力分布在井筒的周围。而对于未射孔段,在圆周应力的作用下套管不能解脱,迫使不均匀水平应力对套管形成挤压,套管产生圆形变形。这种蠕变产生的地应力导致套管变为圆形有以下三个特点:一是无孔断面的圆形变形较大;二是穿孔段变形小;三是随着井深变大,套管变形的度数越大。

另外,发生高压注水时,若油层的物性差且连通性也差,在高压注水的过程中将会形成高压块。块体内的压力上升导致岩石骨架膨胀。在水泥环固井状态良好时,穿过油层的套管被拉长,从而对套管会有较大的附加拉应力。而在附加拉应力的作用下,套管的抗挤压力和抗剪切力大大降低,聚合作用导致套管的破损率增加。

通过分析以上机理得出的结论是,套管损伤的挤压缩径机理和弯曲断裂机理都与地下流体和岩体的相互作用有关。

2.3.2　套损数理模型分析

许多学者和专家相继对套管损伤进行了不同的研究。在套损的初期,人们普遍研究的是套管的强度和结构,在提高套管强度、优化套管构设计等方面做了大量的工作,形成了套管设计的规范和标准,如美国石油学会(API)标准。20世纪 80 年代以来,套损问题日趋严重,学者和专家对套损进行了不断深入的研究。近年来,学术界对影响套管损伤的诸多原因,如结构与质量、井的强度、生产管理因素和地质因素等,开展了全面的分析研究[4]。

前人利用有限元的方法研究在盐岩地层中套管弯曲破坏的机理,并提出"湿润面"的概念。但在具体计算中,发现位于"润湿面"两边的岩体之间并没有摩擦,即不考虑"润湿面"的抗剪力。这种假设虽然便于推导和计算,但不符合实际情况。

前人在油水井泥岩层界面套管损伤研究中应用界面断裂力学理论基础上,建立起力学模型以模拟地层的相对滑动界面的裂缝准静态扩展,并在套筒损伤机理的研究中应用了非线性断裂力学和界面力学原理。通过计算分析泥岩层界面裂尖场,阐述了泥岩层界面中油水井套管损坏的力学原理。因泥岩层的分布具有一定倾角,应当考虑泥岩层在滑动过程中的惯性和倾角效应,也就是研究界面问题中涉及的动力学。在研究泥岩层滑动过程中与地层界面产生摩擦力,此时摩擦系数是一个常数。而实际上,该摩擦系数是泥岩岩性、泥岩浸没时间和注水量的函数。需要通过大量的试验来确定这种函数关系的具体形式。

虽然大家对套管损伤机理的理论认识基本相同,但对它们的研究在方法上存在差异。研究泥岩蠕变对套管外挤压力主要基于两种理论计算和试验方法:断裂力学法和套管受力有限元法。

研究均匀套管外载荷的代表性方法是均匀外压套管弹塑性稳定性计算方法和泥岩蠕变荷载计算。套管弹塑性稳定性计算方法考虑了套管失稳破坏的性质。由弹性稳定理论推出均布外压套管弹塑性稳定的公式,从而得出套管弹塑性失稳临界的外压值。

泥岩蠕变载荷的计算方法是通过试验确定轴向应力与蠕变之间的非线性关系。对蠕变试验数据采用非线性最小二乘法进行曲线拟合,从而得到泥岩蠕变模型,泥岩蠕变模型通过泥岩蠕变计算可得到,从而计算出套管外岩石的外部挤压载荷。

套管变形空间有限元力学模型和数学模型由套管受力计算机模拟研究建立,可模拟分析扭转、内外压力、弯曲等复合载荷作用下套管的空间问题,其研究结果可以为继续研究套管力学系统带来有参考意义的理论指导。

在研究套管损伤中,利用变形体力学是一个重要的领域,可以为研究保护和修复套管损伤提供理论支持。理论研究逐步深入,在 20 世纪 80 年代,利用渗流力学和达西线性弹性定律研究井筒的稳定性。同时,许多专家采用损伤理论、渗流力学、线性黏弹性理论等方法进行计算。

2.3.3　井下管柱的腐蚀原理

井下管柱腐蚀的原因涉及井下腐蚀条件、管柱本身和与井下管柱接触的活性介质。

因含 Fe 原子的金属制成井下管柱,同时 Fe 原子失去了电子变成了 Fe^{2+} 离子,故随着介质去极化。

2.3.3.1　孔蚀作用

分析井下管柱孔蚀形成的整个过程,可以表述为:表面腐蚀介质的选择性吸附、钢材自身的不均匀结构、氯离子对腐蚀的破坏、腐蚀性产物在表面形成的不完全覆盖及表面膜等。因此,活性点在井下管柱表面的区域中形成了。活性点慢慢演化为点蚀核。而点蚀核内存在的金属发生溶解反应形成局部阳极,腐蚀产物覆盖等因素又引起周围的腐蚀电位。反之,就变成部分阴极。这些阴极的总面积一般来说远远大于孔蚀核的面积,这样就导致小阳极和大阴极的面积比不对称。点蚀核加速发展就形成了点蚀。

2.3.3.2　应力腐蚀作用

流体正压会影响位于水泥回流高度以上的井下管柱内壁,使井下管柱外壁受到拉应力。在碳酸氢根、硫化氢和氯离子的作用下,应力腐蚀开裂即可能发生。在应力腐蚀、局部腐蚀和裂纹的毛细作用下腐蚀成分进入缝隙,裂纹尖端的表面活性就会上升,孔隙腐蚀继续。随着反应的不断进行,在尖端处的电解质浓度产生变化,直到在间隙尖端处集中足够大的应力,导致变形和裂纹再次发生。这个过程不断重复,直至钻井液渗入管道。

2.3.3.3　电偶腐蚀作用

当不同类型的金属材料接触时,电偶腐蚀可能会发生。某井下管柱设计采用了两种不同的材料(N80 和 13CrL80)。在含盐量高的完井液中,两个井下管柱相互接触时,电位差出现,电偶腐蚀效应产生,井下管柱产生腐蚀。

井下管柱腐蚀受地层环境差异的影响,油气井的井下管柱在下井过程中经过多种地层,地层结构、盐分、水分及不同地层腐蚀性成分的渗透率不同,电位差在地层之间产生。因此,盐浓电池或氧浓电池等宏观大电池在不同水层或土层的过渡带就会形成,更深的腐蚀坑甚至是穿孔在地下管柱中出现。

井下管柱外腐蚀破坏由井下管柱深度内的地层电阻率的差异造成。对不同深度地层进行的电阻率测试表明,地层电阻率随着沿井下管柱深度不同有较大差异。地层的电阻率可以测量地层的腐蚀性。高电阻率对应的地层大多为粗粒砂层。由于其孔隙度大,渗透性强,所以水不易保持,导致地层电阻率高;而低电阻率对应的地层大多为泥岩、细粒黏土,可溶性盐类溶入地层,变成电解质,然后溶解,所以地层电阻率小。电化学腐蚀可能发生在不同电阻率的地层间。

2.3.3.4 腐蚀性介质的腐蚀作用

雨水中的溶解氧借助地层颗粒的渗透作用,随着雨水渗入地下,或者地下水中原来存在的溶解氧,使地层中一直存在氧气。由于在干燥的地层中,透气性好,故含氧量大;相反,在潮湿的地层中,透气性则差,氧气更加难以进入,故含氧量很少。在以上湿度不同的地层中,含氧量多则相差数百倍。因为井下管柱被埋在地下数百甚至数千米的深处,所以必须穿过含氧量不同的地层和构造。若穿过含氧量高、透气性好的地层,然后而穿过含氧量极小、透气性差的间隔,氧浓差电池就会在井下管柱上形成。含氧量小的范围内的井下管柱成为阳极,从而受到强烈腐蚀,导致腐蚀坑在井下管柱出现。

因地下水含盐量高,井下管柱的地下腐蚀就好比钢铁在盐水中的腐蚀。井下管柱在地下的腐蚀可以看作宏电池腐蚀和微电池腐蚀相结合。因许多杂质分布于金属表面,当杂质与盐水(电解液)接触时,整个表面必然同时产生许多微小的阳极和阴极,并形成许多微小的原电池。金属表面,可称为微型电池。各含水层的含盐量不同,井下管柱各段的电极电位也不同,宏电池腐蚀产生于井下管柱。在长期的作用下,井下管柱被严重腐蚀。

如上所述,多种腐蚀性介质相互作用经常影响井下管柱。一种腐蚀介质会加快另一种腐蚀介质的腐蚀。诱发严重腐蚀的部件有

①H_2S+CO_2;

②CO_2+O_2;

③$SO_4^{2-}+CO_2$;

④$Cr+CO_2$ 等。

多组分诱导腐蚀的影响因素有很多,如温度、流速、各组分分压、环境 pH

等,不同的腐蚀速率由不同的组合形成。不管腐蚀如何严重,进行现场监测或腐蚀模拟试验都非常有必要,这是科学防腐设计和井下管柱设计的重要基础工作。

2.3.3.5 细菌腐蚀作用

细菌腐蚀是指由细菌的生命活动引起或以及促进的细菌腐蚀。早在 1939 年,Hdalye 就指出硫酸盐还原细菌的腐蚀作用,这是关于细菌参与金属构件腐蚀的严重程度的最早研究。美国的库尔姆纳调查指出,81% 的严重腐蚀与细菌的腐蚀作用有关;根据英国的 Vemne 和 Butlni 报告,细菌引起的管道严重腐蚀占 71%;荷兰的 Mnihcni 报告指出,细菌引起的井下腐蚀占 71%。

地层水中含有大量的铁细菌、硫细菌、硫酸盐还原菌(也简称 SRB)等细菌种类,潜伏在岩石和地层水中。硫酸盐还原菌的腐蚀是油田中最常见的微生物腐蚀。

硫酸盐还原菌会腐蚀是因为硫酸盐还原菌含有氢化酶。氢化酶的作用是硫酸盐还原菌腐蚀的主要原因,使阴极区产生的氢气被硫酸盐还原菌利用,硫酸盐被还原为硫化氢,在厌氧电化学腐蚀过程中充当阴极,加速了金属的腐蚀。硫酸盐还原菌的代谢产物是硫化氢,它对金属有特别强的腐蚀性,生成的硫化铁导致管道堵塞。第二种是可以产生黏液的腐生菌和铁细菌,当它们的数量超过一定值时,还会形成氧浓度电池,导致注水井腐蚀堵塞,从而减少注水量。

钢的腐蚀在没有氧中性反应的环境中极弱,原因是这种环境通常不利于阴极去极化,所以金属腐蚀趋于停止。但因为硫酸盐还原菌存在,腐蚀则更为严重,因为硫酸盐还原菌起到的作用正是阴极去极化,从而加速了腐蚀过程。腐蚀过程如下。

阴极化学反应:

$$4Fe \longrightarrow 4Fe^{2+} + 8e$$

水的电离反应:

$$8H_2O \longrightarrow 8H^+ + 8OH^-$$

吸附于铁表面,阴极化学反应:

$$8H + 8e \longrightarrow 8H^+$$

细菌阴极去极化反应:

$$SO_4^{2-} + 8H \longrightarrow S^{2-} + 4H_2O$$

腐蚀产物反应：

$$Fe^{2+}+S^{2-}\longrightarrow FeS$$

腐蚀产物反应：

$$3Fe^{2+}+6OH^{-}\longrightarrow 3Fe(OH)^{2}$$

腐蚀产物反应：

$$4Fe(OH)^{2}+O_{2}+2H_{2}O\longrightarrow 4Fe(OH)^{3}$$

总反应公式：

$$16Fe+4SO_{4}^{2-}+22H_{2}O+3O_{2}\longrightarrow 4FeS+8OH^{-}+12Fe(OH)^{3}$$

部分细菌的氢化酶可直接把氢气氧化成水,硫酸盐还原菌中的氢化酶可以在管壁阴极的部分将硫酸根生物催化成为硫化物离子和氧气。吸附在阴极表面的氢会被氧去极化,使它变成水。铁细菌是一组细菌,它可以通过氧化二价铁获得能量。氧化产物就是氢氧化铁可以可储存在细菌膜鞘的外部或内部。它是一种需要氧的异养细菌,在氧气的含量低于 0.4 mg/L 的环境中它也可以生长。

2.3.3.6 多组分以及协同作用诱导腐蚀作用

高浓度盐水和微量硫化氢或二氧化碳的共存会引起严重的腐蚀。单块产出物含有少量的硫化氢。失重腐蚀与氯化物、硫化物应力开裂并存。各组分的分压(或含量)、系统压力和温度决定腐蚀的严重程度。根据试验室模拟试验和实际经验,在温度高于 120 ℃ 的时候,很多常规的耐腐蚀钢结构的井下管柱变得不耐腐蚀,其主要问题可能不是失重腐蚀,而是腐蚀穿孔。在参数组合呈现不利的情况下,会引起突然间的硫化物的应力腐蚀开裂和氯化物应力开裂。一些高产气井的在试验期间有可能不出水或少产水,但是在中后期的含水量却急剧增加,或产水量增加呈现不规律变化,此时腐蚀也相应加速。

硫化氢在二氧化碳的腐蚀过程中有双重的作用。硫化氢可以加速二氧化碳的腐蚀,通过阴极反应,也可以减缓 FeS 的沉积。这种变化与硫化氢含量和温度直接相关。

在低温(31 ℃)条件下,少量硫化氢(3.3 mg/L)加速二氧化碳的腐蚀,而腐蚀速度会被高含量的硫化氢(330 mg/L)给降低;在 150 ℃ 条件下,当硫化氢的相关含量大于 33 mg/L 时,腐蚀过程的速率与纯二氧化碳成反比;当温度大于150 ℃时,腐蚀速度就变成不受硫化氢含量所影响。同时,在较低浓度下,硫化氢可直接参与阴极反应,导致腐蚀速度加剧;在高浓度下条件,硫化氢可以与铁反应形成 FeS 膜,从而可以减缓腐蚀速度。此外,硫化氢以及对含铬耐蚀钢放热的耐蚀性有很大很强的破坏作用,可引起严重的局部媒介腐蚀,甚至应力腐蚀开裂。

此外,氧气和二氧化碳的共存肯定会增加腐蚀程度,氧气在共价键二氧化碳腐蚀的加速催化作业机理中起很大作用。当钢表面还未形成保护膜时,氧含量越高,腐蚀的速率越大;当钢表面很快形成保护膜时,氧含量根本上对其腐蚀机器影响不大,几乎没有什么影响。在氧气饱和钢的溶液中,二氧化碳的存在大大加快了腐蚀速度。此时此刻,二氧化碳在硫化氢腐蚀溶液中很明显起到催化作用。

2.3.3.7　相变加速诱导腐蚀

存在水电解质才能产生电池电化学腐蚀,而且必须润湿钢的表面。在油气田开催化采过程中,水的主要机理来源有冷凝水和采出水。(1)冷凝水:开裂由汽化水蒸气铁冷凝而成;(2)采出水:井内反应流体携带的地层水。耐腐蚀含水量对腐蚀速率的影响放热与水的流速、润湿性和程度流动状态有关。影响润湿性加剧的主要参数有流速、流型、油水比、管壁(粗糙度、清洁度)表面特性、流道结构变化(缩径、转弯等)、水沉淀点化学作用突变流场。

当钢表面很快形成保护膜时,氧含量根本上对其腐蚀影响不大。

有研究认为,当流体含水率低于小于 30%时,油井管壁溶解完全被油润湿;当流体含水率高于 50%时,油井管壁被水润湿。通过对水与异相之间气相传质问题的研究发现,当气相和气井水相共存时,冷气气相中的硫化氢、二氧化碳和甲烷等成分生产会溶解在水中相,这就导致气相正常组成发生变化。沉淀气相的一些特性(如气油比、饱和压力和体积系数)路线也会发生变化,从而导致管壁腐蚀严重状态发生变化。在气井的正常凝水生产过程中,流体会在井筒压力和温度的影响下腐蚀发生相变。如果水的露点线在冷却冷凝相的包络线内,则不会有冷凝水沉淀。参考此时管壁流体腐蚀较轻。当水的露点线就是在凝相包络线外时,就会有凝水析出,此时管壁腐蚀严重。软件关于气井的相态计算,结合一下可以参考相关的预测相态理论。借助计算软件,可以预测井筒流体中沉淀的凝结水量。与此同时,利用计算流体软件(CFD 软件)可以预测管壁上是否存在凝结水膜以及存在凝结水膜的压力厚度和分布,结合电化学、热力学相关理论可以加速预测出管壁上是否存在单相凝结水膜以及原油凝结水膜的相对厚度和分布。从而分析出凝析气井管出现壁腐蚀程度。

对于油井来说,当压力高于泡点压力时,气体不释放,所谓单相流,腐蚀速率低;而且当压力低于泡点压力时,含二氧化碳和硫化氢的气体从原油中快速释放出来,溶解在水中,形成多相流腐蚀环境,腐蚀速度急剧增加。

使用内涂层井下管柱时,涂层对水的润湿性极低,可以防止水膜的最终形成和腐蚀。如果使用耐腐蚀钢或普通内壁碳钢井下管柱,可以提高水膜表面光洁度也可以降低润湿性,从而降低腐蚀速率。根据国外报道,为了减少井下管柱内壁碳钢的腐蚀,因此对内壁相对进行了电抛光,其原理是改变管壁线路的润湿状态以减少腐蚀。

2.3.3.8 流场诱导腐蚀作用

大量腐蚀现象管壁的观察表明,流道直径的高压突然转向、变化等都会引起流场和流体相态的变化。

流体流场相对发生变化,则产生涡流,大大加速管壁腐蚀速度。流场的突变加速了 API 腐蚀性成分的传递和活动,极大地加剧了腐蚀程度。在高压、高温和腐蚀性成分同时的协同作用下,从井下管柱经过井下管柱到弯头、十字头、节流阀、阀门等部位时存在明显的流场变化。在 API 标准螺纹的流体井下管柱中,接头中间直径的"J"形区域,高速气流场腐蚀变化造成严重的冲刷和腐蚀,是当前井下流道需要解决的关键管柱防腐问题。在井下管柱到达到井口的流道中,井下管柱管径小、流速高,但未发现严重腐蚀。进入井口后,虽然流道直径变大,油井平均流速降低,但腐蚀更为严重。

在以往的研究工作中,对构件腐蚀进行了大量的研究,注意到流道变化对电化学腐蚀的影响,而对流场诱发腐蚀的原因机理和规律还没有研究。如果说腐蚀成分对冲刷油井管的腐蚀是客观存在的,那么通过对流场诱发腐蚀的研究,合理设计流道结构应该是油井管防腐的一项工作。流场腐蚀分为流场诱导电化学腐蚀、流场诱导空泡腐蚀和流场诱导冲蚀腐蚀。

2.3.3.9 缝隙腐蚀作用、电偶腐蚀作用及应力腐蚀作用

井下管柱串下部结构、井下管柱管体和联轴器、井口装置都与各种零部件连接。零件往往是不同种类的金属,不同零件之间的与其连接部位存在间隙,

装置造成缝隙腐蚀。如果不同金属零件设计的连接部位在一定的电解液中,就会由于金属重要的电位差而发生电偶腐蚀。如果上述缝隙腐蚀和上述电偶腐蚀同时存在的缓冲部位存在残余应力或内应力,就会引起严重的特别的应力腐蚀。当以上三种效应同时存在时,腐蚀会加剧。油气田开发、油井管柱、井口装置设计的设计人员在设计初期就意识到上述问题的存在,缝隙正确的选择和局部的设计对于防止或减缓金属腐蚀至关重要。

(1)缝隙腐蚀作用

电解液中的相关金属部分,内壁由于金属与金属液体或金属与非金属之间形成了阳离子特别小的间隙,氯化氢使间隙中的介质缝隙处于停滞状态,长度使间隙中的金属加速腐蚀。这种局部腐蚀称为缝隙腐蚀。缝隙腐蚀是一种比孔蚀更常见的局部腐蚀。遭水体受缝隙腐蚀的金属在缝隙中无故呈现出不同数量的蚀坑或深孔,呈凹槽形式。产生缝隙腐蚀必须满足两个条件:①必须有有害的阴离子,如氯离子等;②必须有缝隙,缝隙的宽度必须使腐蚀性液体能够进入缝隙,腐蚀缝隙的宽度必须窄到足以刚好使液体进入,停滞在狭缝中。

由于油井管结构和应力布置的差异,管道内壁局部位置空隙经常存在砂子、水垢、泥浆、杂物等沉积载体物或附着物,无形中形成缝隙,创造了有利的条件腐蚀。但是,当时引起腐蚀的缝隙并不是肉眼可以观察到的缝隙,而是可以将三个介质滞留在缝隙中常见的很小的缝隙,其一定的宽度一般为 0.025 ~ 0.1 mm。对于宽度大于 0.1 mm 的缝隙,缝隙中的介质增加不会形成滞流,也不会形成缝隙腐蚀。

(2)电偶腐蚀作用

电偶腐蚀又称接触腐蚀,是指两种具有不同物理电化学性质的材料与化学周围环境形成电路,同时形成电偶。如果腐蚀电位不相等,则有电流流动,会增加电位较低金属的溶解速度;具有较高电位的粗金属的溶解速率反线性而降低,称为非常电偶腐蚀。

电偶腐蚀的原因常常是由于这两种材料之间存在较大的电位差,局部构成腐蚀电池。

一般来说,两种金属之间的电偶电极电位差越大,电路电偶腐蚀越严重。材料电偶腐蚀是一种管道中比较常见的材料局部腐蚀现象,基本可以诱发甚至加速应力腐蚀、缝隙腐蚀、点蚀等腐蚀的发生。油田管道维修更换中有新管比旧管腐蚀快的现象,本质上是新旧管道相当于接触形成的化学电偶腐蚀。

(3)应力腐蚀作用

通常情况下,金属构件在一定应力和特定腐蚀环境条件的协同作用下发生的低应力脆性破坏称为应力腐蚀开裂。在应力腐蚀系统中,腐蚀和应力的作用是根本相互促进的,而不是重复的、简单的叠加。

应力腐蚀的基本条件是:材料因素(敏感合金)、电解环境因素(特定介质)和机械因素条件(一定的应力水平)。硫化氢的氢脆腐蚀伴随应力腐蚀开裂是上述元素反应三个基本条件溶解的交集。

2.4　热采井套损机理分析

2.4.1　国内外研究现状

2.4.1.1　国外研究情况

20世纪60年代以来,当国外刚刚出现注蒸汽热采技术时,拉米、盖茨、威尔海特等,他们开始研究通过蒸汽注入重油进行热采对套管造成的探头损坏。热应力和损伤机制的变化导致了注蒸汽井中的传热理论。该机理的主要内容是:热采井套管温度周期性升高和降低。如果温度升高,热膨胀电压达到效率极限。之后,温度继续升高,导致产生过大的压缩应力,从而在温度较低时达到残余拉应力,外壳就会破裂(对于圆形螺纹外壳,限制较低,约为0.8%)。该理论如图2-1所示。此后国外专家对注气探头性能预测进行了大量深入研究,开发了一种综合两相不同气液流动相关性的注气探头性能预测模型。最重要的有Eadougher模型(使用两相流相关方程Hagedom-Brown)、FarougAli模型(使用Dus-Ros两相流相关方程),Futanlla-Aziz模型(使用两相相关方程流),Yao-Syhester模型(使用气液环雾流模型)。上述模型中使用的大部分两相流相关方程仅适用于垂直或接近垂直的井。通过对Foutanlla-Aziz模型的计算和比较,Beggs-Brill相关方程最接近所使用的相关方程得到的计算结果的测量值。

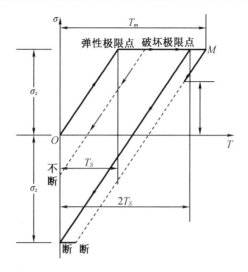

图 2-1　单轴热应力与温升值的关系分析图

随后,1990 年 Kazushl Maruyama、Eijl Tsuru 等采用试验方法研究了套管在类似于热井的恶劣环境中热循环条件下的性能,以及套管体的热应力特性、抗震性、螺纹接头的泄漏能力。同时,本章利用套管在冷却过程中产生的较大拉应力,对套管的抗挤压能力进行了分析。

1996 年,GMaharaj 对某稠油油田增产井和注气井、套损井的现场资料进行调查分析,发现套损大部分发生在接箍上,因此提出加强接头和密封圈材料理论。随后,许多国外学者对试验室条件下套管的强度进行了试验室研究和分析。

1998 年,基于试验研究与数值模拟相结合,Joao CR 等通过有限元软件建立模型,分析了热采井壳周围的温度场和应力场。2004 年,T. Kaiser 等在室内模拟了地层条件下胎体材料在高温交变载荷下的热力学变化,研究了胎体材料在高温环境下的屈服特性。2006 年,Bour 对循环气体注入造成的水泥环损坏造成的胎体损坏进行了研究,并提出了新的预防措施。2012 年,Rashid AlShaibi 和 Mukhaizna 通过有限元软件研究了胴体损伤机制,同时考虑了精细形成的条件。2014 年,SFranks 和 JWisel 对热采井产砂造成的胎体损害进行了研究,并在北美科恩河油田成功实施了注树脂防砂措施,阻止了热采井的胎体损害。2015 年,Chris Carpenter 建立了热回收探头模型,用于分析热回收探头串的应力,他充分考虑了地层的机械复杂性,提出了热采管柱设计方法的概述。

2.4.1.2　国内研究情况

我国稠油开发起步较晚,国内热采井热应力及套管损伤研究起步较晚。20世纪 80 年代初,我国开始采用蒸汽吞吐的方法,大规模开发稠油和超稠油油藏。受到热应力的影响,大量套管损坏。最初,对套管损伤的研究只能通过井下打印模型研究,对套管损伤机理的了解也非常有限。随着科学技术水平的提高和国内学者的努力,国家开始通过各种方法逐步对油套管柱进行研究。

1987 年,赵金洲建立了著名的隐式差分模型,计算注气或注水生产过程中井筒流体与周围地层传热的隐式差分模型,分析了注气或注水生产过程中注入流体量的影响,温度分布规律的影响,对井筒中的流体进行生产作业。

1994 年,陆相国提出了一种估算井筒两相稳定流中液体温度传递的新模型。该模型得到了热扩散方程的解,充分考虑了对流和热传导对井筒液体温度的影响。

1996 年,李子峰结合固井和热采工艺对井内套管和注气管柱的应力进行了分析,推导出注气过程中套管和注气管柱的各种应力计算公式。给出了套管和注气管柱强度校核方法。

2001 年薛世峰讨论了地层岩体与流体相互作用的地下流固凝聚理论进展。重点研究分析有效应力规律、理论模型描述、流固流失程度、数值算法研究。

2003 年,练章华对 20 世纪 30 年代以来国外复杂地层应力下套管破坏机理的研究进行了分析和评述,提出利用计算机数值模拟研究复杂地层应力,建立有限元模型研究分析套管的损伤机理。

2005 年,杨秀娟、杨横林根据胡克定律考虑了水泥环和围岩在热力生产井、固井中的作用。套管温度升高后存在三维热应力。套管的轴向预应力用于减小套管的轴向。热应力是将套管的有效热应力控制在相应温度下套管的最小允许屈服极限的原理,得到热套管的三轴预应力设计方法。

2008 年,王朝辉、马朝忠通过对现有数据的调查分析,介绍了热采井温度对套管性能参数的影响,建立了套管屈服强度、弹性模量、线膨胀系数与温度的关系、回归模型。同时讨论了近年来油田套管设计中出现的几个问题,指出了热采井套管柱设计时应注意的问题。

2010 年,练章华、陈勇利用有限元软件建立了热采井套管接头螺纹渗漏和滑移数值模拟模型。计算分析了套管残余拉应力和吞吐周期的变化规律,进行了曲线拟合,建立了适用于蒸汽吞吐过程中套管残余应力评价的关系式,分析了套管的强度。

2012 年,贾江宏等利用 ANSYS 有限元分析软件,分析计算了不同隔热措施、不同注气温度、不同注气压力、不同套管材料和壁厚条件下套管热应力应变分布规律。

2013 年,为进一步了解地应力分布与温度、地层压力的关系,张晓对地应力分布规律及计算方法进行了研究。根据应力计算理论,求解外力作用下热采井套管热应力计算公式,建立温度和地层压力变化下的水平地应力计算公式。

2015 年,韩来菊、贾江红等提出基于应变的热采井套管设计方法,确定基于应变的设计准则,通过有限元软件建立三维弹塑性模型,对应力场进行模拟分析,并观察在热采井注气生产过程中与应变变化的相互作用关系。

2017 年,于雄峰、郑华林等针对套管因高温不均匀应力引起的热应力和不均匀载荷导致套管损坏的问题,考虑了在注气采油过程中套管屈服强度和弹性模量条件下,建立油管、套管、水泥环和地层整理系统的有限元模型,分析注气温度和注气压力,并分别研究了注气速度对套管变形和破坏的影响。

近年来,重油套管损坏的现状越来越严重。国内外许多学者对套管损伤进行了大量研究,提出了许多研究方法。许多理论研究结合现场实际情况得到了很多有意义的结论。我国采用的有限元方法的理论分析大多将井筒、套管和地层视为一个整体。首先建立地层温度场和井筒的计算模型,进而推导出应力场计算模型。通过分析井内油管柱的应力状态,得到在生产和注气过程中的各种应力计算公式,可以有效地分析套管柱的强度。分析普遍认为,热采井必须采用预应力固结方法,以抵消生产过程中套管受热时产生的热应力,从而达到延长套管寿命的目的。

但很少考虑热采井蒸汽吞吐生产的特殊性。在套管循环注气生产过程中,应力场和温度场会发生周期性变化,套管残余应力逐渐增大。套管内的压、拉交变应力很可能导致套管在低应力下疲劳失效。此外,不同地层的热导率、热膨胀系数等参数不同,在生产过程中地层温度传导不同,造成应力不均匀和套管损坏。此外,固井质量对热采井套管损伤的影响很大。

2.4.2　套损机理分析

稠油热采井套管受力比较复杂,造成油井套管损坏的因素是多方面的,大致可分为地质因素、完井因素和生产因素。重 32 井区稠油油藏平均埋藏较浅，仅 208.4 m，是典型的松散砂岩油藏。油层岩石主要有粉细砂岩和粉砂岩。油层胶结物非常疏松，以泥质胶结物为主。重 32 井区 86 口破损井中套管缩径变形占 63.95%，套管破裂占 23.26%，套管故障占 3.49%，其他类型占 9.3%。油层套管钢级为 N80。可以得出结论，重 32 井区套管损坏的主要形式是以套管缩径变形为主，其次是套管破裂，套管错位仅占很小一部分。可以看出，在重 32 井区中套管收缩变形以套管直径为主，占 32 口套损井的 63.95%。因此，重 32 井区套管重损的主要原因很可能是：在注蒸汽焖井过程中，泥质砂岩或泥岩在不均匀的地应力或热应力下引起的套管变形和颈缩变形。

2.4.2.1　地质因素

(1)具体因素分析

造成稠油热采井井套管损坏的地质因素主要包括地层非均质性、油层倾角、岩石性质、地层断层活动、地下地震活动、地壳运动、地层腐蚀等因素。这些内部地质因素一旦发生，就会发生非常巨大的应力变化，会对热采井井管造成严重的损坏，甚至会造成一片油井的套管损坏，使油井无法正常运行，造成地下资源的浪费，破坏油田的经济效益。浅层热采井套管损坏的机理主要受地层应力、断层活动、热应力、固井质量、环境介质和生产因素的影响。

泥质砂岩与盖层泥岩对套管损伤的影响：在蒸汽吞吐的生产过程中，沿途注入的水蒸气的热损失会逐渐增加其含水量，而夹层和盖层具有水化和膨胀的特性。当它们吸收蒸汽中的水分时，它们的体积会增加。泥岩主要由黏土矿物组成，会造成一片油井的套管损坏，使油井无法正常运行，造成地下资源的浪费，破坏成分和结构与页岩非常相似。它主要由蒙脱石和水云母组成。泥岩本身稳定，不易破碎，但泥岩具有水敏特性。当水进入夹层或温度升高时，黏土矿物会膨胀，从而引起其力学性能和应力条件的变化。当应力条件发生变化时，会引起局部应力发生变化。当套管的屈服强度不足以承受吸水膨胀引起的局部应力时，很可能导致套管变形、破裂，甚至折断。膨胀岩吸水后体积增大是膨胀岩最重要的特征，泥岩的水胀使套管的损坏主要是由于套管的收缩变形，在油田开发中具有重要的研究意义。

自 2007 年重 32 井区大规模开发以来，随着油田开发的逐年深入，造成地应力变化、地层滑移或微裂缝活动，该区出砂严重。套管附近的泥质砂岩、泥岩长期与水接触易膨胀,造成套管收缩甚至断裂。

问题井相对集中,一般来说,附近已发生重大问题或隐患。油井生产时间长,气窜干扰严重,周围有地面气窜或重大试验项目(SAGD),如图 2-2 所示。地表气窜的发育证明,周围存在大的连通孔隙,地层胶结松散,易出砂,导致地层塌陷损坏套管,而在 G1 层产生 SAGD,与周围 C32 井块套管损坏位置一致。

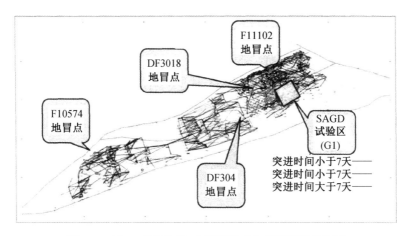

图 2-2　重 32 井区套损、套管错段井与气窜干扰示意图

不同的制造商的套管损坏率是不同的。截至 2010 年底,有数十家套管生产企业在重 32 井区底部下钻 576 口直井,但均使用 N80 钢级,套管外径 177.8 mm,壁厚为 8.05 mm,个别为 9.19 mm。抗拉系数 13.1,抗挤压系数 26.4,抗内压强度为 43.6 MPa。虽然油层套管的钢材性能规格差别不大,但套管损失率不同。图 2-3 为重 32 井区套管生产厂家分布图。全区 2/3 以上的油层由 TPCO、无锡和 WSP 生产。其中,无锡的套管损耗率最低为 1%,在 109 口井中仅发现一处套管损坏。WSP 工厂最高为 11%,在 92 口井中的 10 口井中发现套管损坏。TPCO 厂的套管损耗率为 7%。其次,墨龙和沧州的套管损失率分别为 7% 和 5%。其他厂家暂时没有出现套筒损坏的情况,可能与使用率较低有关。

(2)油井严重出砂造成套管损坏

重 32 井区严重出砂造成套管损坏,该热采区块主要含油地层多为松散砂岩。主要特点是油层较浅。重 32 井区稠油油藏平均埋藏深度仅为 208.4 m,为典型的松散砂岩型油藏。油层胶结松散,水敏矿物含量高。非均质性很严重。在注气热采过程中,注气对地层有冲刷作用。另外,井底饱和湿气液相的 pH 会很高,可达 10~13。这种碱性蒸汽在高温高压下反复注入地层,经过多轮高通量生产,不仅改变了岩石表面的润湿性,而且对石英和长石有很强的溶解软化作用,对黏土矿物也有溶解作用,使地层胶结程度大大降低,从而造成井底周围地层格架的破坏,造成生产作业过程中岩石颗粒的运移和出砂。

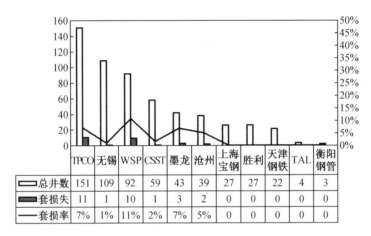

图 2-3　重 32 井区套管生产厂家分布图

	TPCO	无锡	WSP	CSST	墨龙	沧州	上海宝钢	胜利	天津钢铁	TAL	衡阳钢管
□ 总井数	151	109	92	59	43	39	27	27	22	4	3
■ 套损失	11	1	10	1	3	2	0	0	0	0	0
— 套损率	7%	1%	11%	2%	7%	5%	0	0	0	0	0

当注气压力逐渐增大,油井压差变化较大时,井底油层将被极大激发,破坏弱胶结地层结构,破坏岩层骨架,造成出砂油井周围形成空腔。此外,热采井因注入大流量、高强度的蒸汽而造成地层裂缝,也会造成油层出砂。在长期的采油过程中,液体会携带地层砂通过射孔炮眼和筛网,导致出砂。在采油过程中,液体渗漏对颗粒的拖曳力也会造成严重的出砂。在其他条件下,生产压差越大,液体渗流速度越大,井筒周围流体流动对岩石的侵蚀作用越大。压力差越大,油越稠,油越稠越容易造成出砂。在稠油生产过程中,正常采油需要较高的生产压差。此外,稠油黏度较高,对岩石颗粒的拉力较大,更容易造成油井出砂。

当油井产砂量大时,出砂井段逐渐形成一定规模的空腔,使原油层承受的一部分重力转移到套管上。这使得套管能够承受更高的屈服应力,这很可能导致套管变形。当传递到套管上的力超过一定强度时,也会引起套管变形和损坏。通过对 32 口重型热采井统计数据的分析发现,随着出砂力度的加大和地层压力的降低,套损井逐年增加。由于引起的地下亏缺和地层下沉也是稠油松散砂岩油藏套管损坏的主要原因之一。

要了解油层砂套管损坏的机理,首先要对油井出砂现象进行分析和模拟。众所周知,油藏流体动力学理论首先是建立在水动力学理论的基础上的。因此,分析在提出油藏出砂套管损坏理论之前,首先要了解水井出砂机理,并以此为基础分析和理解油层出砂。在进行水井产砂机理研究之前,首先设定边界条件:设置一定区域的水层埋深约 10 m,地下水储存在非胶结砂层中,黏土覆盖上层。取水方法是将一根管子插入沙土中约 1 m 后吸水。新井完井后,此时水体与砂体共存,相态水和砂混合。根据沉积现象,水层上部主要为粉细砂。当井管开始抽水时,输出的主要是水砂混合物,此时砂水比高达 80%。连续抽水,随着抽水蓄积量的增加,砂水比越来越小,直至水中不再含有砂。这个过程一般称为洗井,洗砂量根据管道进入砂层的长度不同而不同。洗完井后,关井一段时间后可以抽水。次现象是对于砂层没有采取防砂措施,当出砂量从最初的砂液含量达到一定量时,就不再继续出砂。具体分析如下:

在洗新井的过程中,井底的子一个接着一个地被带到地面,在原来的水层中形成了一个空洞。随着洗涤时间的延长,空洞继续向周围扩展,并向空洞边缘扩展。水流速度越来越低,直到流体速度太小无法携带砂粒,砂层就会处于稳定状态,而稳定的井底实际上是一个罐状储层。只要抽速不超过洗涤速度,沙粒不会随着水流带到地面,这就是井中出砂理论的过程。

根据以往的研究结果,洞的高度随着液体提取率的变化而变化。在空洞形成过程中,它从上到下发展。空洞只存在于模拟层顶部的一小部分,并不是整个砂层厚度都被空洞占据。对于整个砂层的厚度,油层出砂后井底会出现空隙。当油藏为非胶结砂层时,油井和水井的砂形成的孔洞的位置和形状基本相同。目前重 32 井区主要为弱胶结松散砂岩。从力学角度讲,出砂是由油流产生的机械力破坏油层局部结构而引起的。胶结的松散砂随后会被后续生产中的油流带走,从而在炮眼附近形成空洞,如图 2-4 所示。当空洞出现时,会造成局部应力集中,从而进一步破坏油层结构,这就是油层出砂的基本力学原理。

结合现场油田的实际情况,对出砂试验进行了验证。重 32 井区岩性以中细砂岩为主,占 62%,其次为粗砂岩、卵石砂岩和沙砾岩,占 33%。碎屑的粒径一般在 0.05~15 mm,最大可达 150 mm。颗粒分选等圆度以亚角为主。胶结物成分主要为泥质、钙质和铁质泥质,含量为 5%~15%,胶结程度为松至中等,主要含油地层多为松散砂岩,油层松散胶结,且水敏矿物质含量高且不均匀。自投产以来,气窜、出砂一直是困扰该地区油井正常生产的问题。从井口取样分析超过 80% 的原油携砂。经过取样和化验分析,砂粒尺寸在 0.1~0.3 mm。其中 67% 的粒径在 0.1~0.2 mm。

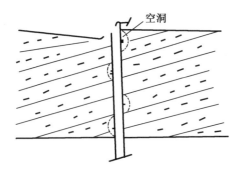

图 2-4 出砂初期空洞的位置和形状示意图

根据出砂较严重井的后续分析,探索出砂井出砂规律。产砂量在第三轮最高,在吞吐后期逐渐减少。这与油井出砂试验得出的结论是一致的。由出砂结论分析得出,少量出砂时间和空隙仅存于炮眼附近,大量出砂形成的空洞不是存在于整个油层厚度中,而主要存在于油层顶部的一部分。随着空隙的增加,空隙被占据。油层顶部的空间也相应增加,油层的大部分厚度仍被地层砂占据。如果上覆地层坍塌,如图 2-5 所示,大部分空隙将存在于上覆相邻层中。当上覆相邻层因油层出砂形成的空洞逐渐增加时,上覆相邻层中的套管也会变得不稳定和变形。

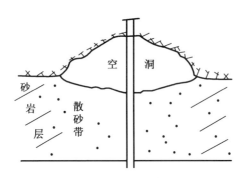

图 2-5 上覆层出现坍塌的空洞示意图

在套管多次气窜过程中,炮孔位置胶结松散的细砂岩和粉细砂岩随着蒸汽率的出现进入井筒,使原有砂岩层出现空洞,相当一部分重力承受由油层改变转移到壳体上。其次,在每个气窜制砂过程中,热蒸汽和油层砂同时注入井筒,套管同时受到重力方向传递力和水平面合力的作用。当井筒内部方向的传递力超过套管达到管道极限强度时,套管就会变形,从而导致套管向内变形而引起错位。位错形状在井筒方向有明显的不规则变形。

重 32 井区埋藏较浅,属于多孔型,胶结强度低,胶结材料松散。水泥组分主要为黄铁矿、方解石和菱铁矿,含量为 0%~20%,杂基组分主要为泥质(2%)和高岭石(3%),以及微量水云母泥质。这使得该地区非常容易出砂。在一个吞吐周期中,油井出砂规律一般呈现强–弱–强趋势。采油前期因生产系统控制不合理导致出砂,后期开井 3 mm 喷嘴后出砂得到遏制。在采油中期,由于原油携砂能力强,地层能量充足,生产压差小,出砂井减少。生产后期,井底温度下降,原油黏度迅速上升,高黏度稠油的拖曳加剧出砂,生产后期地层压力下降,油层供液不足,下沉程度降低,导致生产压差增大,较重的地层出砂,往往会造成油井套管破裂、油层堵塞或砂掩埋油层。

2.4.2.2　完井因素

导致套管损坏的主要完井因素或工程因素包括:钻完井过程中的完井质量,套管本身的质量,采油过程中的固井质量、注水、压裂、酸化,以及采油井和注水井的日常管理。完井因素:套管选择不合理,材料强度不能满足高温注气条件下的热应力要求;固井质量不合格容易造成套管变形、电化学腐蚀和结构失稳。

钻完井过程中的完井质量包括井眼轨迹、套管材料、固井过程中套管居中度、固井质量、回水泥高度、预应力措施等。根据以往研究,套管是否在相同内压下居中,地应力条件会使套管的有效应力相差 10%~15%。固井时套管不居中,会显著降低套管的承载能力。固井质量差、无水泥环支撑会严重增加套管的横向变形。对 32 口破损井的统计分析表明,90% 以上的套损与固井质量的差异是分不开的。

此前的类似研究表明,套管周围空腔引起的变形和损坏也反映了相同的结果。当模型条件为两端轴向固定时,由于产砂,在中套管与水泥环之间形成空腔。结果和分析表明,套管在中部发生了变形。因此,提高固井质量对于延长套管寿命非常重要。套管周围缺少水泥环时的热力学有限元模拟分析。在注气结束和文火结束时套管内壁位移变化的形状和规律相同,但在最后注入蒸汽时,套管内壁的最大位移远高于焖井结束时套管内壁的最大位移,约高 2.0 倍。为防止套管过早发生热应力损坏,必须保证固井质量,使水泥环不能丢失,套管外壁有连续的支撑介质,保证固井第一界面和第二界面之间没有间隙,使套管处于良好的热应力环境中。

2.4.2.3 生产因素

注气井的热应力使套管内产生"残余拉应力"。多轮注气吞吐,使套管内残余拉应力累积叠加,使套管强度大大降低;破裂压力过大引起注气地层滑移和套管剪切变形;大生产压差、超强采液速度和出砂产生井壁局部"倾倒",破坏井筒受力平衡;生产过程中周期性注气、采油、温度场反复交替,注气过程中套管和井筒未采取有效的隔热保护措施。

(1)热应力对套管的影响

实际分析表明,稠油热采井造成套管损坏的因素与普通稀油井相似。稠油井套管本身会承受高温高压蒸汽冲刷,套管热应力受损是套管损坏的主要原因。注蒸汽热采油是稠油生产的有效方法,但也是一个技术难度大的系统工程,涉及的知识面非常广。注入油井的蒸汽会使井下套管的受力条件极其恶劣,会大大降低套管的使用寿命。向井筒注入高温高压蒸汽,会使地层及其套管的温度同时升高,进而对套管产生相当大的热应力。当热应力达到一定强度时,很可能导致套管弯曲、变形或破裂,注气管柱损坏等,可能导致油井停产报废。要了解热采井套管损坏的机理,首先要分析套管、水泥环和地层的热应力。需要知道井底注气温度,进而建立温度预测的数学模型。以及地层的热力学物理参数,计算不同深度注气管柱、套管和水泥环的外部温度,然后根据温度变化计算套管内的热应力、残余应力和残余强度,在为防止套管热应力损坏提供了理论依据。研究表明:

①当流量(1 200 kg/h)较小时,蒸汽温度随井深增加而升高,蒸汽压力随井深增加而升高。原因是流量较小时,两相流的摩擦力较小,蒸汽压力升高,蒸汽温度也升高,驱油效果不好,注气强度不够。此时容易过热,热应力过大使得套管易损坏。

②当流量(12 000 kg/h)较大时,蒸汽温度随着井深的增加而降低。原因是流量大时,两相流的摩擦阻力大,蒸汽压力降低,温度也随之降低。

根据能量方程、传热基本方程和热传导微分方程,计算套管到水泥环的稳态传热,从水泥环到地层的瞬态传热。根据套管的实际损伤位置,综合考虑地层膨胀、传热系数和比热,分析水泥环不均匀断裂引起的径向热应力,套管上的应力已达到屈服强度的。套管在轴向热应力和径向挤压力的作用下发生径向位移,套管容易弯曲失去稳定性。

(2)热变形和热疲劳对套管钢物理性能的影响

考虑到生产成本的影响,重 32 井区稠油井大部分使用 N80 钢级套管,极少数井使用 P105 和 P110 钢级套管。稠油热采开发中注蒸汽吞吐的生产方式决定了稠油井套管必须处于温度(压力)反复剧烈变化的工艺环境中。温度升高会改变套管的材料性能,降低强度,并引起塑性变形。对油井套管的承载应力影响很大。特别是对于井深大于 400 m 的稠油井,当注气温度达到 200~350 ℃,注气压力在 1.6~17.0 MPa 时,套管钢的最大抗拉强度、屈服强度和弹性模量会很明显减少。

图 2-6 为注气井加热过程和停注气冷却过程中 7″套管应力和温度的变化曲线。从图可以看出 A-B 线为加热过程中的热膨胀力产生的轴向压应力—温度曲线的弹性部分。B 点代表套管的屈服点(本体或接头的压应力)。在注气过程中,如果最大压缩应力不超过 B 点,那么当温度下降时,套管应力将归零。B 点对应的温度用 ΔT_y 表示,即当温度达到 ΔT_y 时,热应力达到屈服点 ΔT_y 是从完井温度到屈服点需要升高的温度。

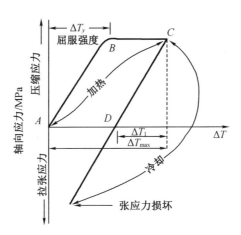

图 2-6　蒸汽吞吐过程中套管应力变化

随着温度的不断升高,热应力将超过套管的屈服强度。图 2-6 中出现的 B-C 线此时是因为套管可以吸收一部分热膨胀应力,而超过屈服点的热膨胀力,膨胀力大部分通过套管的永久变形(塑性变形)耗散。在冷却过程中,套筒表现出弹性特性,如 C-D 线所示,C-D 线平行于 A-B 线,B-C 线是不可恢复的。当温度下降到 ΔT_y 时,应力值下降到零。此时,在应力中性点 D 处,套管温度将比原始温度高。

　　这就是造成套管损坏的根本原因:在加热过程中,超过 B 点后,套管发生永久变形或塑性变形损坏;在冷却过程中,达到中和点后,冷却收缩力与热膨胀力相同,使套管产生拉张应力(残余拉张应力)。当拉力超过接头的断裂强度时,联轴器就会损坏。同样,在套管的弯曲部分或其他应力集中的地方,当拉力超过屈服点时,拉力就会造成套管损坏。稠油井经过多轮蒸汽吞吐生产后,套管受到高温高压交变热应力载荷的影响。当注气温度高达 250~350 ℃时,套管壁温也会升高,导致套管膨胀伸长,超过其屈服强度;相反,当停止注入蒸汽时,套管在冷却过程中会收缩,使其超过拉张载荷的极限值,造成套管损坏[5]。

第3章 井下套损检测技术

3.1 取 套 观 察

取套观察是了解套管变形最直接的方法。但这种方法复杂、难度大,特别是深井和固井段。取套工艺有两种工艺流程:一种是用一套铣筒套在套管上,用内刀切割套管(当刀具不能装在套管内时,外刀下放),直到所有损坏的外壳都被取出来;另一种是用底切法将套管——取出。这种方法虽然施工时间长、造价高,难以大面积推广,但其他取套技术都无法从地下取出变形套管进行分析。

3.2 机械井径检测技术

机械井径测井仪的基本测量原理是由套管内径的变化引起测量臂径向变化。通过测量臂的转换结构,将径向变化转化为纵向变化,从而利用位移传感器测量纵向位移,完成钻孔直径测量。

目前,国内外用于套管损伤检测的机械井径类测井工具种类很多。常规的套管损伤检测工具有微井径工具、二臂、四臂、八臂、十臂、十六臂,以及三十六臂、四十臂等井径系列。微井径工具和双臂井径工具在井下仅使用一个拉杆电位器,仅给出反映套管最小直径的卡尺曲线;四臂井径工具,即所谓的 X-Y 井径工具,只能对套管状况进行定性分析,测量误差±2 mm。八臂井径测井仪测得套管收缩量误差±1 mm。多臂(18-80 臂)井径提供套管内径变化、壁厚和射孔层位测量精度高。但由于仪器测量臂多,容易引起砂卡,影响测井成功率。仪器在套管变形部分容易遇到阻力,对外壳腐蚀无能为力。多臂井径由多个独立的传感器组成,检测臂与套管的内臂接触。套管内径的变化引起检测臂的径向位移,然后将其从等效的垂直位移变化转换为电信号,以提供井壁的三维视图。井壁扩展灰度、井壁横截面和井径曲线。用于监测金属套管的质量,确定套管的变形、错位、弯曲、孔洞、裂纹、腐蚀和污染。

3.3 超声波无损检测技术

超声波无损检测技术(UT)是五种常规检测技术之一。与其他常规无损检测技术相比,检测对象范围广,检测深度大,缺陷定位准确,检测灵敏度高,且成本低,使用方便、快捷、对人体无害,便于现场应用。因此,超声波无损检测技术是国内外应用最广泛、使用最频繁、发展最快的无损检测技术。其应用体现在提高产品质量、产品设计、加工制造、成品检验、设备服务等各个阶段。

在现代无损检测技术中,超声成像技术是一项引人注目的新技术。超声图像可以提供直观、大量的信息,直接反映物体的声学和力学特性,具有非常广阔的发展前景。现代超声成像技术是计算机技术、信号采集技术和图像处理技术相结合的产物。超声波数据采集技术、图像重建技术、自动化和智能化技术以及超声成像系统的性价比直接影响超声检测的成像过程。现代超声成像技术大多具有自动化、智能化的特点,因此具有检测一致性好、可靠性高、重现性高、存储的检测结果可随时调用、可查阅以往检测结果等诸多优点。自动比对、动态检测缺陷等。总之,超声成像技术克服了传统超声检测不直观、难以判断、无记录的缺陷,减少了检测中的人为干扰,有效提高无损检测的可靠性。它是定量无损检测的重要工具。

超声波电视测井利用超声波反射原理检测套管内部腐蚀、变形和错位,并提供直观的图像。缺点是声反射的间接成像受井壁结垢和打蜡的影响很大。发射的超声波被套管内壁反射并被接收以检测套管内壁任意点的井径、裂缝和洞穴等。CAST-V(环井眼声波成像测井仪)采用旋转声波换能器作为发射器发出超声波脉冲,并作为接收器接收套管反射波和共振波扫描井周,旋转 10 个周期/秒,发射和接收超声波 200 次/周期,利用壁厚和直径成像进行套管探伤。使用阻抗成像评估第一个界面的水泥胶结。位于仪器空腔中的第二个声学探头测量井中流体的特性。方位角短截面提供井的方位角图像。仪器垂直分辨率为 7.6 mm,精度为 5%。

　　超声波径向扫描仪(URS)用于水泥评价、套管腐蚀情况和钻孔成像,360°覆盖分辨率水泥成像,对快速地层和微环空不敏感。它由两个超声波传感器组成,位于高速旋转的扫描探头内。主测量传感器也是发射式传感器,发射高频声脉冲,同时接收套管壁反射声信号的传播时间和幅度,以确定水泥的存在或测量传播从钻孔壁反射的声音信号的时间和幅度,以识别裂缝和地层成像。二级传感器连续监测流体的声阻抗和速度、流体特性,准确计算套管壁厚,水泥声阻抗或钻孔成像可实时校正。URS 测量套管共振频率确定套管厚度以确定套管内壁或外壁是否腐蚀,仪器适用套管厚度在 0.51~1.52 cm,圆周分辨率1.8°,垂直分辨率为 0.83 英寸①。

　　超声波成像仪(USI)用于水泥评价、套管内外壁腐蚀的测量或监测,以及套管壁厚分析。单换能器安装在仪器底部的旋转接头上,发射 200~700 kHz 的超声波脉冲,同时接收套管内外壁反射的超声波。波的衰减率反映了水泥与套管界面处的水泥胶结质量。套管的谐振频率检查套管壁厚。仪器输出声阻抗、套管厚度、套管内径和第一界面水泥胶结,仪器垂直分辨率为 15.24 cm,精度为±0.5 MPa·s/m,探测深度为套管与水泥的第一界面。

　　超声波套管成像仪(UCI)是升级产品。它测量套管内外腐蚀和损坏的位置和程度、输出幅度、套管厚度,并进行套管内径成像和流体速度剖面。垂直分辨率为 0.51 cm,精度为内径±0.10 cm,套筒厚度为±4%。隔离扫描仪采用新型超声柔性波成像技术和传统脉冲回波技术,准确评估传统水泥浆、重水泥、轻水泥、泡沫水泥的胶结情况,并能准确定位水泥中的任何通道、方向和径向覆盖范围。仪器可以区分低密度固体和液体,从而识别出是轻水泥、泡沫水泥还是污染水泥。通过测量套管的内径和壁厚,提供详细的套管居中图像并确定腐蚀原因,或钻井引起的套管损坏。柔性波成像是穿透套管泄漏体波到水泥环空的传输脉冲。两个探头接收到的衰减的套管头波估算与套管结合的是固体、液体或气体,水泥和地层界面反射的回波产生了类似于带孔套管的附加信号。仪器输出声阻抗、柔性波衰减率、环形空间成分(固体、液体或气体)、VDL、套管厚度和套管内径的图像。

　　总之,随着油田的进一步开发,对套管损伤检测技术的要求越来越高,要求

①　1 英寸≈2.54 厘米。

测井结果更加直观、生动、全面。因此,这些传统的套管损坏检测仪器越来越不能满足用户的需求、需要。现有的超声成像测井工具虽然可以提供直观、全面的套损情况,但其测量速度较慢,耐温、耐压性低,属于定性测量,不具备方位测量功能。便于分析套筒损伤机理,应用范围有限。因此,需要进一步提高其测量速度和耐温耐压指标,结合方位测井实现定量测量。

3.4　电磁检测技术

电磁检测是最早应用所有无损检测方法的。如今,电磁检测已不再局限于涡流检测,其内涵扩展到更广泛的领域,包括涡流、漏磁、微波、磁光涡流等检测方法。漏磁检测的原理是基于铁磁材料的高磁导率,通过测量铁磁材料中缺陷引起的磁导率变化来检测材料缺陷。

涡流检测是一种基于电磁感应原理的无损检测方法。目前,具有阻抗平面显示功能的单频、多频涡流检测设备和可用于在线高速探伤的具有频谱分析功能的常规涡流检测设备,已广泛应用于航空、航天、冶金、机械、电力等领域。随着电子技术和计算机技术的发展,非常规涡流检测技术和新型传感器相继出现。远场涡流法是一种低频涡流检测技术。它的探头是直通式探头,由一个励磁线圈和一个较小的测量线圈组成,距离约为线圈内径的两倍。励磁线圈通以低频交流电,其磁力线能量流两次穿过管壁并沿管壁传播;测量线圈可测量出励磁线圈穿过管壁后返回管内的磁场,因此能以同样的灵敏度检测管子内部外壁缺陷和壁厚变薄,不受趋肤深度的限制,可有效检测碳钢或其他强铁磁管,探头在管内摆动基本不影响检测效果。

脉冲涡流法是近年来发展迅速的涡流检测技术。与传统涡流不同的是,它使用的激励信号不是正弦波,而是具有一定占空比的方波;对感应磁场进行信号分析。时域瞬态分析取代了传统的时域稳态分析。对于试件大面积不同深度的缺陷,只需一次扫描即可完成缺陷检测。霍尔元件的应用进一步提高了检测深度。拉斯史密斯等将脉冲涡流检测深度增加到 15 mm 以上。脉冲涡流在理论和应用研究方面取得了很大进展。

电磁探测系列井下套管损伤检测仪器包括磁定位仪、管道分析仪(PAT 和 PIT)、电磁测厚仪(ETT)、电磁探伤仪和磁射孔位置检测仪等测井工具,可检测井下套管的损伤、套管壁厚、套管厚度、大块金属或纵横向长裂缝、接头深度和射孔位置等。

长庆油田从俄罗斯引进电磁探伤测井技术。引入这项技术后,本地化已经完成。可用于监测单层管柱和多层管柱结构中石油、天然气等井套管和油管的损伤技术状况。它可以同时检测和测量两层管的厚度,确定两层管壁的厚度变化值,用于检测管道的水平和垂直损坏。同时,多层管检测的技术特点可用于水井生产过程中的测井,节省了检查套管情况时的运行成本和开管时间,使之成为可能对井结构和技术条件进行普查的手段。

3.5　应力检测技术

常用的材料残余应力无损测量方法有构件钻孔法、X 射线衍射法、超声波测速法、激光干涉法、红外热谱法和巴克豪森噪声法(磁声发射法)、磁记忆检测技术等方法。

构件钻孔法是最早用于测量构件残余应力的方法。由于这是一种破坏性的检测方法,所以现在很少使用。

X 射线衍射法是根据布拉格定律进行测量的。当有应力时,材料变形,原子之间的距离晶格常数会发生变化,相应的布拉格角也会发生变化。应力可以通过测量两个不同的衍射角来计算。该方法适用于实验室测量,不适用于现场工程测量应用。

超声波测速法基于声波的速度与施加的应力近似成正比的基本原理。超声波法可以测量材料体内的应力,而 X 射线衍射法只能测量材料表面(0.01 mm 深度以内)的应力。

电子剪切散斑干涉技术(电子剪切成像)是一种激光干涉技术。其基本原理是:当材料有缺陷或应力时,材料表面发生变形,干涉条纹图案发生变化。与X 射线衍射法一样,它只能测量材料表面的应力。目前仅适用于实验室测量,不方便在野外使用。

红外热谱法是最近发展起来的一项新技术。可检测压力容器的微小应力集中区或干期缺陷。它的优点是可以检测小的应力(可以区分几个兆帕的应力差异)。因为检测面积大,所以目前还没有实用的仪器问世。

由于可以进行非接触式测量,巴克豪森噪声法(磁声发射法)在工程中得到了广泛的应用。探查线圈放置在工作面上,也可以用环绕线圈环绕工件。测量速度快,适用于现场使用。最大的缺点是获得的有用信号受多种因素影响,测量结果的可靠性稍差,定量校准也比较困难[6]。

金属磁记忆检测技术引入我国的时间不长,但发展很快。清华大学、南京航空工业学院、爱德森(厦门)电子有限公司、南京燃气轮机研究所、国家质检总局锅炉检测研究中心等高校、企业、科研单位先后在理论分析、仪器研制、推广应用等方面开展了对磁记忆检测技术的研究工作。

陈玉玲等研究了应力集中引起的金属磁记忆现象,证明磁场分布与应力集中具有良好的一致性;北京理工大学张伟民等对中低碳钢在静拉力作用下的磁记忆效应进行了试验,研究总结了试件表面磁场强度零值线的分布情况。被拉伸到塑性变形。任吉林和林俊明基于铁磁性原理,讨论了铁磁性构件在磁弹性和磁机械效应共同作用下产生磁记忆效应的原理,发表了业界金属磁记忆诊断技术第一部专著《金属磁记忆检测技术》。我国无损检测相关科研院所和高校先后将该方法应用于飞机部件等方面。

噪声记录用于确定已形成的泄漏和沟道。通过噪声测井,可以发现管道外的窜流、泄漏点、产水层,判断是单相流还是两相流。当流体通过节流通道时,它会产生声音、热量和其他能量。记录陶瓷盘检测流体湍流。声音被转换成电压并传输到地面。地面计算机处理 200 Hz、600 Hz、1 000 Hz 和 2 000 Hz 四个声道的声幅。如果管道在管外开槽,流体为单相流体,频率集中在 1 000 Hz 左右,两相流体集中在 200~600 Hz。

第4章　套损井预防技术

套损井综合治理,坚持"预防为主,防治结合"的原则,以避免套损井停产。近年来,相关人员研究了许多有关套损井防治技术的各种措施,套损井综合治理的方法与技术越来越丰富,为油井稳定生产发挥了不可估量的作用。

4.1　套损井预防技术的综合应用

4.1.1　套管防腐技术概况

由于套管腐蚀各种弊端对油田产生了危害,套管内外防腐技术急需完善解决。控制套管腐蚀的技术措施应便于现场作业、实施、经济效果评价。目前常用的防腐措施方法有以下几种。

4.1.1.1　采用化学处理的耐腐蚀管

在主材料中加入一定量的微量元素,可以显著提高主材的耐蚀性。国外很多腐蚀严重的高产油井使用不锈钢套管。然而,不锈钢套管应用成本太高,不适合油田应用。另外,不锈钢表面遇到氯离子会产生反应,在含有氯离子的腐蚀介质中不锈钢表面的保护膜会被氯离子渗透破坏,造成腐蚀。

4.1.1.2　涂料涂层防腐

使用性能优良防腐涂料涂装套管外壁,使其涂在套管表面形成一层附着力强、一层或多层耐腐蚀的固体薄膜,避免套管与腐蚀性介质接触。

然而,由于套管转移和套管作业是井下的施工作业,经过一系列套管施工作业后,极强的涂层不可避免地受到破坏,这些破坏处在井下接触腐蚀性介质后可能发展成为点蚀,因此单独使用涂层技术强的涂层保护套管是不可行的。

4.1.2 先期预防技术

4.1.2.1 阴极保护技术

1938 年,套管阴极保护研究在美国和中东先后开始探究,并在单井上成功地验证了套管阴极保护技术,达到了不错的效果。到了 1960 年,区域阴极保护技术逐渐发展起来。目前套管保护深度可达到 2~4 km。实践证明,对套管实施阴极保护技术是能很好地减缓和防止其内外壁腐蚀被破坏的有力措施。例如,美国一家太阳能勘探开发公司用了 20 年时间对 2 178 口井采取了阴极保护,有效率达 89%。而在我国,也于 1985 年启动华北油田区域阴极保护,平均有效率达到 97.16% 之高。

区域阴极保护有单井保护和多井保护两类,单井保护属于分散类,多井保护属于集中类。单井保护,以单井为对象,在井口设置一个控制点。因一口井单独设置一组阴极,单井可以看作一个单独微型保护系统。其最大优势是容易实现电位控制,操作灵活方便,可根据现场条件需要任意调节大小,井口电位相对较低,对套管保护非常有利,适用于井场场数多,井间间距又很大的高产井组。

对于多井保护,大多数阴极保护站位于管网密集的地区。每个站保护一个管网和几口井,几个站共同保护一个区域。其优点是建站数量少,资金投入少。但功耗大,运行成本高。劣势是电位分布不均衡,调整难度大。根据国内外的成熟经验,选定合适的位置埋设阳极,提供匹配的电流,油水井的保护深度可达 1 500 m 左右。因此,丛式井套管的阴极保护是为了保护套管,不受到损伤。需要有效、经济、安全的管道外腐蚀工艺技术,才能得到实际应用。到 2003 年底,在陇东生产老区和静安油田实施井 600 余口。进行了早期保护。邦安油田五里湾一区和陇东油田三区已初见成效,经过 5~6 年的开发生产,未出现过刺穿现象。缺点是维护和管理不容易,需要投入大量人力物力,保护效果取决于系统运行效率以及参数控制情况等。该技术的优点是适应新旧井组区块,投资少,回报高。

4.1.2.2 采用厚壁套管防护技术

该技术的实质是通过增加套管壁厚度达到延长套管使用寿命的目的。自

1998 年实施下部加厚套管以来,在陇东地区腐蚀破坏严重的井区共钻 235 口井,其中 1998—1999 年 10 口井,2000 年 43 口井,2001—2002 年 53 口井、2019 年全年下井 129 口。该技术具有井下施工方便、成本低的优点。缺点是给油井后期操作带来不便,只适用于新井套管。

4.1.2.3　新井环氧冷缠带加锌阳极外防及内涂防腐技术

新井环氧冷缠带加锌阳极内外涂层防腐技术是近两年发展起来的一种新型配套防腐技术。2002 年,针对陇东侏罗系内、外腐蚀严重的问题,在前 20 口井进行了环氧冷缠带+锌阳极外防腐技术和 PC-400 涂层内防腐技术试验。该工艺经过电位测试和模拟试井对比,可使套管寿命延长 2~3 倍以上,同时具有防腐效果可靠、免维护管理等特点。

自从 2003 年开始,此项在陇东、宁夏老区西峰油田生产建设和侏罗系调整更新 340 余口井中得到应用。通过 4 口井防腐套管电位检测验证,保护电位达标,得到较好的防腐效果。满足不同井深条件下套管寿命 20 年以上的防腐工艺要求,可有效延长套管寿命 3 倍,经济效益是巨大的。

该技术的核心是壳体外部采用的环氧冷缠带和锌阳极两种防腐技术的结合,外层可以隔离腐蚀介质、酸、碱、耐盐腐蚀性,同时具有良好的机械性能。降低了裸露金属面积。锌合金牺牲阳极提供了稳定的保护电流,以补充涂层结构、针孔、夹咬、磨损等造成的损伤。采用 G 级纯水泥胶结,返回河下游 50 m 以上。内防腐采用美国进口的 PC-400 高温烧结酚醛优质涂料,适用于 600 m 以下的套管。同时,泵下的油管扶正器和抗磨分接头用于保护内涂层。

优点:(1)经济良好,单井腐蚀只需投资 6.5 万~7 万元;(2)可靠性强,可将套管寿命延长 2~3 倍以上;(3)一次性投资,无日常维护,无运营成本。

缺点:(1)准备工作量大;(2)需要一个负责任的服务团队;(3)雨水影响现场施工进度;(4)内涂层成本高,内涂层材料需要低成本。

4.2　成片套损区预防方法

修复后套管损伤预防管理工作主要体现在以下几个方面:一是建立油田、采油厂、井下套管损伤修复与预防三路联动机制。采用光纤地应力监测、超声波油套管变形监测等井下监测手段,结合泵检、套管检查、工程作业等措施,进一步明确油田套损井的基本情况,形成套管损伤风险趋势预警系统,确定最佳修井时机,及时发现和处理,避免套管损伤加剧。二是制定损坏套管的经济有效修复原则,建立损坏套管井修复标准,优化不同类型损坏套管井工艺,优化关键程序。不具有经济修复价值的套损井直接报废,减少修井投资。对于破损套管损伤区,采用滚动推进与区域隔离相结合的原则。首先对套损区边缘井进行处理,在套损区与非套损区之间形成一个隔离带,避免套损区扩大;其次,它从区块的某个方向向前滚动。三是加强对修井(区)的储层动态调整。针对洛河段套损井,寻找源头泄压,采用脱套管固井等技术封堵蹿水通道。处理后应调整块体注采关系;对于油区散布的套损井,通过采油井和注水井对应泄压,减少对异常高压地层的影响,避免二次套管损坏,延长维修周期。

4.2.1　新井(钻井过程)预防措施

4.2.1.1　加强固井质量,防止管外窜流

洛河段底套管损伤机理研究表明,洛河段标准层入水后,岩层间的内摩擦力大大降低。在地应力和地层孔隙压力的作用下,岩层会沿着化石层的弱表面发生相对剪切。切割和滑动是造成工件损坏面积的主要因素,即洛河段标准层进水是造成工件损坏面积的必要条件。因此,只有完全防止注入水进入洛河段标准层,才能防止标准层发生损坏。此外,固井质量差也会造成层间窜流,在圈闭的封闭作用下,形成局部高压层位,造成局部套管损坏。做好钻井区块的关井降压工作,确保新井固井质量。从钻井方案设计入手,以提高套损区固井质量为目标,从源头上切断注入水源,进一步控制套损。钻井前,通过缓慢降低套损区压力,合理调整套损区钻前压力系统,使整个套损区压力趋于平衡,有效控制压力实现了钻井区内外的差异化,提高了固井质量。

通过认真分析影响调整固井质量的因素,提前进行钻前地层压力调整试验,结合钻井过程中的测井和小层压力测试技术,为调整后地层压力的准确计算提供参考,实现钻井后地层压力的定量实时检测;在固井过程中,采用低密度微珠水泥浆、高强水泥浆等,实现异常低压层防漏、异常高压层防窜等复杂固井,从而提高固井质量现场试验。2014年以来,通过优化固井工艺措施,增加界面增强剂,使用刚性扶正器,跟踪监测流体压力,使用振动器和旋流发生器,固

井质量率从 59.3% 提高到 80% 以上。

对经检查确认固井质量较差的井,采用射孔循环挤压水泥浆的方法实施二次固井封堵处理,尤其是在洛河段底部以下 20 m 处,确保形成有效的封堵固井段。满足管道外水泥环的完整性要求。例如,北 * 井 8 个地层夹层和夹层固井质量不达标。针对这种情况,这 8 个井段于 2016 年 5 月进行了二次固井,处理后均达到层间标准。

4.2.1.2　控制水泥返高深度,确保洛河段得到有效封固

以往,在套损区调整井固井过程中,通常采用新井控制水泥返高洛河段底标准层以下 20 m,并预先设置套管滑动空间,即在新钻井完井下套管过程中,下入水泥控制工具控制套管回水泥高度在洛河段底标准层以下约 20 m,自然形成套管与井壁之间的未密封段。当标准层地层相对滑动时,避免或减缓对套管的冲击、损害。

但在套损区治理过程中发现,只要在套损区存在一些固井质量差、套管泄漏的井,地层水或注入水就会进入沿线的洛河段标准层,渗流渠道层,特别是注水井,大量水浸入标准层后,将成为片套管损伤区的来源。同时,在对破损套管区进行处理时,也发现一些水泥返高浅的油水井没有套损。

针对这种情况,从 2017 年开始,对破损套管区新钻调整井重新调整固井方案,控制水泥返高深度在洛河段标准层以上,建立较为完善、质量较好的水泥环系统,设置水泥环屏障,从源头上切断洛河段进水源。目前已在多个套筒损耗领域得到应用。

4.2.1.3　细分钻井区域,控制地层压力变化

在套损区钻井前,需要对钻井区注入井采取堵钻措施,主要是防止钻井过程中因异常压力源引起的井喷、井漏复杂事故,并保证固井过程中的压力和系统平衡。为保证固井质量,主要开展了以下四个方面的工作:

一是改进钻井控制方式,合理控制块压稳定。新钻探场地 300 m 内油层注水井全部停运,高台子油层 400 m 内注水井全部停运。钻井区 1 000 m 内注气井提前 1 个月关井,固井 15 d 后恢复注气。新井 50 m 以内的采油井在固井后 48 h 内关井,钻井打开油层,50~100 m 采油井和液量大于 150 m³/d 的井,应在电测固井后 48 h 内关井。

二是采取提前补充能量、钻完井后逐步恢复注水的办法,逐步恢复地层压力。在该区块钻井前 1~2 个月,按原计划上限的 10% 进行注水,以控制因钻井控制影响地层压力变化过大的现象。钻井控制后,不同井网采取措施恢复注水。有 60% 注水、下限注水、正常注水和 120% 注水四个阶段。在钻井控制和开井过程中,固井等待固化 24 h 后,50 m 外注水井恢复注水;固井 15 d 后,50 m 内注水井恢复注水。

三是利用钻井机会,进一步调查洛河段油页岩进水情况,及时采取防治措施。对新完井自然电位曲线进行统计分析,结合井壁岩心数据和套损井实际情况,绘制洛河段水分布控制图块的部分。同时,利用作业时机对重点井区套管渗漏情况进行检查,确定是否存在淹区,为今后加强监测和预防套管损坏提供依据。

四是做好钻探区和非钻探区压力监测,控制层间和平面压差变化范围。钻井控制 30 d 后和恢复注水 15 d 后,分别选择注水井进行分层压力监测。钻探期,将原停注区外正常注水调整为区外第一排,注水井按配注 60% 注水。第二排正常注水,形成压力缓冲区块,并控制区块之间的压差变化的幅度。恢复注水时,恒压补水 3 d,然后按规定注水。

4.2.2　老井(开发过程)预防措施

4.2.2.1　开展套损区套损隐患普查工作

一是利用声波密度曲线对新井固井质量进行普查。近年来对套损区新井的普查发现,胶结优质率低于 50% 的井占全部套损区新井不足 2%。这些井固井质量较差,存在套管损坏的隐患。对非油藏区未完全报废的潜在井进行普查,重点调查 500 m 井距内新增套损井,划分保护区域。重点保护区为新发现的套损井,隐患排查区为长期未确认井区。跟踪监测区为旧套管损伤集中井区。

二是利用新井同位素数据,对射孔顶层吸水情况进行普查。对注水井进行普查,在射孔顶部发现吸水率大于 30% 的井,确定是否存在向上窜的隐患。在全区淹水区识别结果的基础上,结合套损、地层压力、作业条件、地质构造等综合判断,确定井区淹水源。

三是利用最后一次作业施工总结,对套管保护封隔器的运行情况进行普查。对注水井中套管保护封隔器的运行情况进行普查,查明是否没有套管保护封隔器,确认是否存在进水隐患。

四是运用操作和监测手段,对加强段的严密性进行调查。对已加套管加固的套损井进行普查,发展加固井段是否存在未密封状态,确认是否存在二次进水隐患。

五是利用精细地质研究成果,研究注采关系。对套损区套损井进行普查,发现有注入层和非生产层,是否存在易保压的可能。

六是套损区注水井破裂压力调查。

七是异常注水井普查。主要针对注水压力不变,水量上升 30% 以上,注水量不变,压力下降 1 MPa 以上,三次采油压力上升,注水压力不上升的井。

八是异常套压井普查。主要是套管降压下降大于 3 MPa,高于洛河段启动压力变化为接近洛河段启动压力附近,高于洛河段启动压力变化为低于洛河段启动压力。

九是对大修、更新、边坡、废弃井进行综合排查。重点落实当前生产状况,对未测吸水剖面数据的大修、更新、斜井,立即制定方案。对于废弃井,需要进一步确定注水井同一井场内是否存在水平和垂直窜槽,从而发现套管损坏的隐患。

4.2.2.2　调整注采系统,控制注水压力

根据套管剪切损伤力学模型,可以计算出任何产层的临界注水压力,并据此控制注水压力,防止套管损坏。近年来,在深化认识、完善技术的基础上,加大了对套管漏失防控的调整力度。2019 年套损防治调整注入井 364 口,日注入量减少 5 106 m³。相邻块间压差分别调整控制在 0.57 MPa 和 0.58 MPa;调整井间压差,高压井比例调整为 15.45%,高压井比例调整为 15.45%;低压井比例调整为 18.25%;风险层在 Sa II 4 层以上进一步将注水强度由 5.37 m³/d 调整为 5.22 m³/d。

在油田开发不断调整、不断建立平衡的过程中,压力系统调整是套管保护的主要控制因素和核心。坚持以精细地质研究、精细分层井网调整、精细注采结构调整为指导,实现地层压力稳定恢复,压力体系更加合理,套损速度得到有效控制。完成全区组合井地震构造研究。对断层的认识已经从油层群层次细化到沉积单元层次。断层区注采关系更加明确,注采系统调整扩大了空间

（图 4-1）。大规模开展密井网储层精细解剖，精细识别井间单砂体，更清晰地认识连通关系，更有针对性地调整井组注采。新井和转注井初期低强度注水逐渐加大，地层压力缓慢恢复，有利于稳定地层骨架和保护套管；逐步降低老井注水强度，在匹配新老井注水关系的同时实现压力平衡调整[7]（图 4-2）。

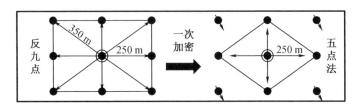

图 4-1　某套损区调整注采系统

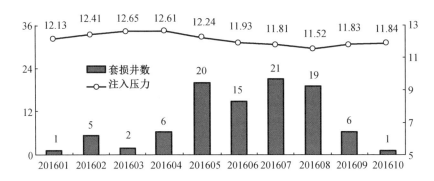

图 4-2　某套损区调整注入压力

4.2.2.3　对标准层套损井区注水井及时查套，消除油页岩进水隐患

鉴于洛河段标准层进水是造成该段套管损坏的主要原因，需要以切断水源为起点，明确套损区进水源，并采取风险控制措施，以确保水不能进入招标的第二段，或者即使进水也得到控制。主要开展了以下几方面的工作：

（1）建立浸水鉴别方法。利用钻井异常信息和取芯数据，研究水浸层电测曲线响应特征，建立电位、声波和密度识别水浸图，并与洛河段井喷井进行验证，符合率为 85.7% 和 79.2%。采用风险层淹水识别方法，对新井淹水情况进行综合调查，结合钻井、取心、固井、渗漏等调查资料，绘制了淹水区分布图。深入研究浸水面积与套管损坏的关系，厘清区域压差与变形的关系。不同的浸入区域有不同的临界压差限制。浸入面积越大，压差极限越小。当浸入面积为 50% 时，块体中存在套管集中损坏的风险。结合淹区识别和套损现状，细化了

18 个风险区。按照风险分类,制定"查、关、转、关、弃、放"等综合治理措施 2 229 井次。其中,为控制老井破坏区风险,重点加大风险层新井直接射孔,优化老井泄压,取得一定成效。

在新井固井质量较差的井段,避免砂体增加夹层厚度,防止夹层流动,同时严禁在 BI 值的井段增加水量,老井夹层<0.4。近年来,对 Sa Ⅱ 4 层以上固井质量差、存在向上窜流风险的井 37 口进行了暂停。

(2)明确水淹成因。洛河段套损井破裂或损坏后,如不及时发现和实施,注入的水将通过错误的裂缝直接进入地层,造成淹水面积迅速扩大,增加近井套管损坏的隐患。如发现此类井,必须及时关闭、调查、检修、报废。目前确定来水源头的方法主要是结合动态和静态数据根据经验确定。缺乏有效的核查手段和方法,需要解决来水源头确定的关键问题。

(3)研究洛河段进水后的控制方法。对于发生成片套管损坏的套损区,由于部分井固井质量不合格,洛河段被侵蚀且层间流动严重等因素,从严格意义上讲在实际开发过程中很难达到招标第二阶段无水的要求。有必要研究如何在进水后控制第二阶段招标。对进水量、圈闭压力等参数进行严格控制,确保不进一步发展,减少进水对地层和套管的影响。控制方法应系统地考虑及时套管检查。一旦某一井点发生套管损坏,应立即扩大套管检查范围,小范围停注,及时处理套管损坏井点,修复套管损坏井段,避免第二阶段进水。同时,对套管损坏区油井(生产井)套管损坏段采用非加固方法,将生产井作为套管损坏区异常压力的泄压点。实现套损段注水与地层油、气、水的同时提取。以减少异常压力的可能性。在钻井过程中,相应的套管损坏位置如果有溢流等现象,证明异常压力已经失控。需要对周围相连的油井(生产井)采用泄压方法,排除异常压力源。

4.2.2.4　治理高压层,完善单砂体注采关系

将测井曲线和 20 条 RFT、MDT 数据结合起来,建立异常高压层识别方法,分析各层异常压力响应特征,建立相应的压力解释模型。对套损区域延长 300 m 进行连续密集压力监测;区内压力监测呈散点状分布,要求相邻井点不小于 150 m。套损区外 300 m 注水井扩口每年进行两次注水剖面试验(井口试验);每年进行一次注水剖面试验(从井口试验开始),对该地区 10% 的套损注水井进行一次。Sa Ⅱ 4 层以上小层气压普查明确了平面局部高压区和垂直方向

个别高压层,划分重点防控区、一般保护区、预防区,并引导两个驱动补偿孔的泄压调整。构建信息预警系统,加强监测、钻井、作业、生产动态等数据应用,开展老灾区、异常高压区风险预警,两年内预警 439 口井,发现处理异常井 218 口。

治理高压层要从以下两个方面入手:

(1)确定注水强度。西南经过 SaⅡ4 层以上为套管损伤集中区,SaⅡ4 层以上无套管损伤井平均注水强度为 5.25 m/d。为安全起见,进一步控制注水强度上限为 4 m³/d。

(2)控制注水强度。2012 年以来,SaⅡ4 层以上注水井和三采注水井的注水强度按照标准逐步控制在 4 m³/d 以内;分期实施注水 1 777 次,年影响注水量 292.7×104 m³。一是阻止油层套损,防止套损加剧。2012 年至 2017 年 10 月,针对油层套损注水井,采用通过单卡止注、测量调整注水等方法在套管处停止注水。二是在空白阶段控制注入速度,减少油层保压套管损失。鉴于南 1 区块东区块二类油层注水量高、套损井数增多,自 2016 年 10 月起逐步控制注水量,2017 年 10 月下旬调整。

4.2.2.5 合理控制压力变化

(1)注水井套损率与频繁关井降压的关系

根据对现场实际数据的统计分析,认识到油田套损区域存在一个普遍规律:注水井先于采油井发生套损,注水井的套损率套管损坏区的井数远高于采出井。这一普遍规律很大程度上是由于注水井长期高压注水,频繁关井降压,恢复注水所致。特别是注水井溢流降压作业是主因,压力在短时间内急剧下降。采收会导致油层及上覆地层的孔隙急剧收缩或膨胀,导致地层界面处的套管剪切损坏。

(2)提前确定注水井修井关井时间

为保证修井作业的正常进行,需要提前关井泄压注水井,降低短时间内压力急剧下降的风险。为合理确定修井作业提前关井和降压时间,通常采用开发区块所有注水井关井压降曲线的平均值作为基准。但对于多开发地层或井网的注水井,需要单独记录每口注水井的关井压降数据,作为确定提前关井压降时间的参考依据。

(3)注水井的修井作业,要严格控制溢流降压,尽量禁止压井。控制溢流降压主要表现在溢流降压速度要合理,避免溢流速度过快引起地层压力激发和地层喷砂。压井的危害主要体现在大量压井液进入产油层会堵塞渗流通道,同时挤注压井液的压力会高于产油层的压力,会加剧层间窜气。

4.2.2.6　确立修后恢复生产原则

(1)套损区注水井恢复注水时,需要完成注采,且套损区内必须有采油井。

(2)为防止区块内外、地层与井组之间的压力波动,动、静结合,一是恒压补偿欠压,二是各注水井的注水压力控制在 5.0 MPa。

(3)分两阶段调整油水井单井配置注水方案。第一阶段是实施新的整体生产分配和注水计划;第二阶段为调整阶段,根据井组注采平衡和压力分布情况,跟踪调整油水井单井配注计划。

(4)各组地层注水井第一阶段注水分配原则:通过以往吸水剖面分析,第一阶段吸水量占整个井的 30% 以上,应停止注水;吸水量占整个井的 20%~30% 的应采取控注。

(5)注水井恢复初期,1 个月内安排同位素测试,检查管外有无窜气;修补后必须在修补层后再次检查套管有无渗漏,确认无问题后方可注水。

4.2.2.7　建立套损风险预警系统

套损预警技术为大面积油田的实时预警和早期控制提供技术支持,从而遏制套损上升趋势,减少套损井数。制定套管损坏预警界限和套管损坏风险控制措施,减少套管损坏。为损害风险提供明确、可操作的依据,确保油田稳定生产;套管损伤防治一体化工作平台为实现套管损伤的日常监测、及时发现、跟踪管理和系统智能化管理提供技术支撑。

4.3　套损预防工作建议

4.3.1　新井的套管防腐预防措施

(1)水库埋深相对较浅的地区,CO_2 腐蚀和浅层氧腐蚀主要发生在油层的上部。建议提高纯水泥的标高。封闭所有生产区,增加泥浆系统的 pH,用高碱性泥浆完井。

（2）对于三叠纪油藏的老油田,考虑到这些地区的深井难以进行水泥封堵工作,腐蚀主要是局部腐蚀,因此,建议选择单井产量高(>5 t)井和 3 天以上井组,进行井阴极保护。

（3）关于压实井的系统开采开挖、侏罗系油藏的调整更新,不仅大段外腐蚀很常见,而且存在液位以下内腐蚀。因此,建议采用内外防腐,利用环氧冷包锌阳极工艺进行外防腐,内防腐采用 PC-400 内防腐。

（4）西峰油田,由于深油层(约 2 200 m),水层厚(380~450 m),腐蚀性物质 SRB、硫酸盐、CI 含量高,存在少量 CO_2。预测了 1.0~1.4 mm/a 的最大腐蚀速率,同时考虑到井深难以返回水泥,仅水泥封堵难以解决洛地层的腐蚀问题,延长组采油井含水量低,存在低电流腐蚀。因此,西峰油田的主要防腐措施是外部防腐,建议采用环氧树脂冷包膜和锌阳极外防腐技术。

4.3.2　老井中的套管防腐预防及处理

（1）输出>5 t 的高产量井组采用集群井组阴极保护,输出>8 t 的单井组或双井组采用无人值守的室外阴极保护。

（2）对于内部腐蚀严重的井,添加缓蚀剂,以控制内部腐蚀速率。

（3）对于高度偏差的井,应采取措施拉直油管,以防止磨损或锚固。

（4）对应老油田酸化等措施,严格控制液体进入井后对套管的损坏。

（5）继续加强以常规隔离生产、小套管维修和侧移处理为重点的套损井治理。

4.3.3　研究方向

（1）进一步改进环氧冷缠带+锌阳极工艺,提高其强度性能,降低成本,制定操作标准和测试规范,增加推广力度。

（2）对无人值守户外型套管阴极保护进行试验研究,解决单井、两组、高生产井无保护措施的问题。

（3）深入研究高效、低成本的缓蚀剂,以控制旧井的腐蚀,改进缓蚀剂的井下注入工艺,并选择高效的缓蚀剂,以减小对套损的影响。

（4）研究封堵材料和新的水封堵技术来处理套管损坏。

由于不同区域套管的损伤原因不同,套管损伤的规律性和程度不同,防止套管损伤的措施不同,套管损伤井的处理技术也不同。如果通过积极和有益的试验进行探索,可以发现它适用于特定的领域。具有大力推广价值的区块防治技术将是造福石油产业利益的开创性工作。

第5章 套损井治理技术

近年来,各油田相继开展了套损井修复工作和套损综合治理工作。修复套损方法主要有两种:机械修复和化学处理。机械方法有更换、修复、加固、二次固井等。更换套管技术对套管内径影响很小,但只能用于浅井施工;对套管采取加固技术,具有较好的抗压能力和悬挂强度,此种方法对套管内径不利。目前的技术有限,长井段加固问题还需要进一步研究;小套管二次固井具有良好的抗压能力和悬挂强度,适合于不同井组的作业施工,但二次固井技术采用对套管内径的影响不利,成本相对偏高。各种套管经过修复技术对比,套管加固技术实施和小套管二次固井技术虽然对套管内径不利,但抗压效果好,悬吊支撑好。其特点非常适合实施各种工况的生产及增产措施,可修复破坏的套损井。因此,套管加固技术和小套管二次固井技术是套损井高强度修复的主要方向。关于套管修复相关的技术措施,如二次完井技术,在国内其他油田也进行了研究,取得了一些成功,但还需要进一步探究。

5.1 套管力学损坏的治理措施

针对上述套管损伤,提出以下治理措施。

5.1.1 机械治理技术

5.1.1.1 常规隔水采油技术

目前油田普遍采用常规隔水采油技术,尤其是在套管失效初期,是恢复产能最经济有效的处理措施。它利用井下封隔器及其配套工具隔离油层和上套损水段,维持油井正常生产。在长庆油田长期套损管理实践中,总结形成了带伸缩节的隔水采油管柱。特色套损井座封开采技术。据统计,2000年以来,

Y341-114 共实施套损井隔离处理 553 井次,年均 138 井次,平均有效率 87.7%,日均增油 2.16 吨,累计增加 15.283 5×10⁴ 吨。目前正常使用的封隔器生产井 200 多口,年生产能力近 10 万吨。下图 5-1 所示为两种常用隔离提取工艺的管柱图。

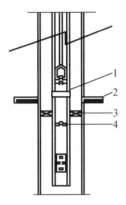 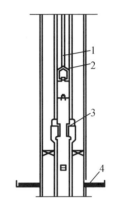

(a)Y341-114型封隔器带伸缩节的隔水采油管柱 (b)长寿命防倒灌工具隔采管柱

(a)1—伸缩节;2—水层;3—封隔器;4—经流过压阀;

(b)1—抽油杆;2—深井泵;3—接箍;4—油层。

图 5-1 常规隔采技术管柱示意图

5.1.1.2 小套管修复技术

长庆油田自 1994 年以来,通过不断试验、推广和改进,下小套管修复受损井的措施已成为陇东油田和宁夏自治区治理受损井的主要手段之一。从初凝 127 mm(5″)小套管加 7″套管,发展到 139.7 mm(5′/2″)套管 101.6 mm(4″)无接箍小套管延迟水泥固井技术,进而发展进入 5′/2″套管 88.9 mm(3′/2″)和 101.6 mm(4″)小套管井口悬挂,无须固井和填料井分离生产和完井技术。

5.1.1.3 拉套侧钻处理技术

2002 年以来,围绕套损井大修侧钻工作,在陇东油田 10 口井内开展了换套管大修侧钻技术试验,取得了初步成效。

该技术是将未凝固套管切割至上回水泥高度以上,然后将其拉出,利用原有井筒侧钻,完成 5/2″套管,彻底根除套损井的方法。该工艺利用原井场,不增加占地面积,无须重新铺设地面管线,不影响原井网部署和开发计划。

套损井治理和产能恢复效果明显,是陇东、宁夏老油田套损井相继隔离、更新、下放过程中的又一进展。同时,其意义还在于一是积极寻找最经济有效的套损井处理方法;二是通过对拔出套管腐蚀情况的分析研究,对套管腐蚀有了更直观的新认识;三是进一步开发一批可节省注水井和高含水井;四是可以作为进一步挖掘潜力、了解剩余油、提高老区块开发效果、减缓老油田衰退的重要手段;五是可以使注采井网与注采对应关系进一步完善[8]。

2020年以来,在陇东、宁夏老区和安塞油田共进行套损、套管侧钻处理37口井,平均日产油3.97吨,年增油2.3万吨。

5.1.2 套损井治理的总体效果

长庆油田套损井的处理始于20世纪90年代初期。目前,套损治理仍以常规封隔器水封为主,配套小套管修复处理和套管侧钻技术,套损井治理修复技术不断完善匹配,治理效果不断提升、改进。技术发展和配套改进的过程可以初步归纳为以下三个阶段:

1994年以前,主要采用常规封隔器作为处理方法。治理方法比较简单,但初期效果较好。

20世纪90年代中期,在应用常规隔离采油技术处理破损套管井的基础上,开展了下小套管处理修复套损井的试验,取得了成功,导致套损、渗漏、结垢严重。封隔器为难井提供处理方法。

2002年以来,围绕部分套损井重复治理难以实现的问题,结合剩余油分布研究成果,开发完善了套损井侧钻技术,进一步提高了修护水平套损井的处理水平。

截至2020年年底,实施小套管套损油井修复措施,其中2013年钻探80口井,累计产油15.759 8×104吨;共取出套损油井37口并进行侧钻大修,成功率100%,单井日均产油3.97吨,年增油23 000吨,该技术已成为减缓老油的新技术新工艺。可见治理措施是有效的。

5.2　新工艺新技术的试验应用

5.2.1　特殊防腐管材耐腐蚀性能评价

近两年来,对低品位钢(包括1%~3%)、热浸铝钢、渗氮钢、不锈钢、玻璃纤维增强塑料等特种新材料进行了大量的防腐评价试验。试验表明,低级钢和镀铝钢的耐腐蚀性与J-55钢相当,不适合长庆油田的油井环境;FRP耐腐蚀,但不能满足压裂水的要求;只有氮化物钢和不锈钢具有较强的耐腐蚀性,但不锈钢的成本较高。

5.2.1.1　室内和现场耐腐蚀试验

试验室对电化学极化曲线的研究表明,渗氮钢的耐腐蚀性是J-55的5.4倍。地下挂环试验表明,渗氮钢比J-55的耐腐蚀性平均提高了5倍,具有优异的耐腐蚀性。如图5-2、5-3、5-4所示。

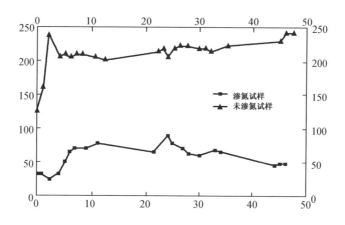

图 5-2　有无氮化层试样在 1 atm CO$_2$ 环境中的腐蚀速率随时间的变化

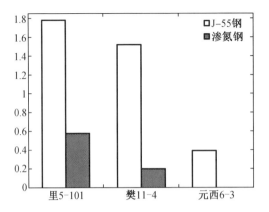

图 5-3　J-55 钢和渗氮钢平均腐蚀速率比较(mm/a)

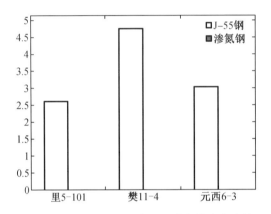

图 5-4　J-55 钢和渗氮钢最大抗蚀率比较(mm/a)

5.2.1.2　机械性能指标

试验后抗拉强度符合 API 相关标准,做耐压试验和密封性试验,内压试验 33.9 MPa 时无泄漏,极端压力发生爆裂达 67.8 MPa,抗外挤压达 42.4 MPa 管体变形,高于标准 33.85 MPa,103 枪穿孔检查,15 mm 测试孔径,穿孔均匀没有出现裂纹,与普通管道相比没有差异。缺点是硬度增加,达到 HV550～570,相当于 HRC25～26,J-55HRC<22。

5.2.1.3　现场应用情况

2019 年,长庆油田第二采油厂 12 口小套管井渗氮管下延 300～500 m。主要问题:一是卡扣困难,二是钳牙咬伤需要修复。

5.2.2 环氧树脂+锌阳极及 PC-400 涂层的内外防腐效果评价

5.2.2.1 电位检测测试效果

保护电位可以直接反映出套管的保护效果。因此,我们对套管施工前后的套管电位进行了测试。图 5-5 显示了 9 口井在 30 天后的原始电位和保护电位的比较。电位试验表明,30 天后,壳层由 -0.54 ~ -0.61 V 变为 -0.88 ~ -0.97 V,极化电位移动了 340~360 mV。根据国内外腐蚀控制标准的评价,潜在的偏置为 300 mV,保护电位达到 -0.85 V 以上的腐蚀控制要求,保护电位达到设计值。

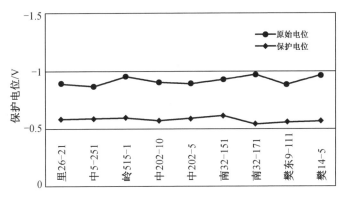

图 5-5 套管受保护前后对比

5.2.2.2 环氧冷缠带+锌阳极下入套破井中试验对比

在距离钟 230 井破碎外壳 850 m 处插入 2 套油管,上下绝缘。一个安装环氧冷缠带和锌阳极,另一个安装普通无腐蚀性管。经过 4 个月,防腐层完好,保留面积 20 cm²,2 个未腐蚀裸露金属表面明亮,未腐蚀,阳极表面溶解均匀,其余未保护管段明显腐蚀(图 5-6)。结果表明,该方法在荧光切片上是有效的。

图 5-6   环氧冷缠管+锌阳极在油管上试验的对比图

5.2.2.3   新南 29-22 和新华 38-13 井的防腐效果

与 1993 年使用外壳外涂层和牺牲阳极防腐的 2 口井(新南 29-22 和新华 38-13)相比,该井的使用寿命是更新前的 2 倍多。与相邻的井相比,这些井同时完成。邻近的几口井已经被腐蚀严重(9 口在南 2 区,6 口在华池区块)。已经证明,使用该技术的 2 口井的寿命比原水泥井的寿命要长。此外,早期套管防腐涂层使用液体环氧煤焦油,其绝缘强度和防腐层质量均远低于环氧树脂冷缠带。当时使用的铝阳极的电化学性能和稳定性也优于目前的锌阳极。

5.2.2.4   防腐效果

PC-400 内涂层具有各种耐酸碱腐蚀能力。将其置于 SA17 井中,在高温和含硫化氢和二氧化碳的高压下测试了一年,无任何变化。具有优良的机械性能,耐磨性,不易结垢。该涂层的另一个优点是不仅解决了腐蚀问题,而且解决了良好污染问题,厚度只有 125 μm。经过半年的比较试验,当 J-55 钢的厚度达到 12 mm 时,PC 涂层表面仅为 0.2 mm。在进行矫正和抗磨损后,由油管操作造成的涂层损坏得到了解决。只要在每次操作中注意抗磨和抗冲击,涂层就可以保持完整。此外,卸载和预涂层技术还确保了连接螺纹上的局部涂层的完整性。

5.2.2.5   内外防腐技术评价

(1)技术优势:两种防腐技术的结合发挥了共同的作用。特别设计的锁紧装置,确保了必要的安全连接。水下防腐修复剂确保快速修复而不影响操作进度。采用自开发的油管,实现耐磨技术,内涂层得到保护。

(2)技术特点:经济适宜性,外部防腐投资不足 7 万元。稳定性高,可多次延长套管的使用寿命,一次性投资无须维护,零运营成本。

(3)技术缺点:早期技术准备时间长,工作量大。需要一个负责任的服务团队。受天气和气候变化,影响现场施工。由于内涂层成本较高,需要寻找合适的、稳定的内涂层材料。

5.2.3 污水回注井不锈钢内衬外加环氧冷缠带防腐试验

污水控制处理回注井腐蚀性极高,点蚀速率高达 3 mm/a 以上。如果不采取相应措施,寿命只有短短几年。2017 年,某厂引进西安航天动力研究所爆炸复合 SFG 双金属复合衬里,应用于 41/2″套管,该套管外防腐采用环氧冷包锌阳极技术,直接采用无油管加注,该方案相比常规方案可节省 11.7 万元。

5.2.4 地下落差内部腐蚀试验及缓蚀剂控制

本试验的基本原理是在泵下安装一个点胶装置,以尾管作为蓄水池。加药装置采用密度差原理,使低密度油、水向上移动,高密度缓蚀剂向下移动。连续注入井下是为了延缓老井的腐蚀速度。2002 年以来,陇东油田共试井 13 口,取得了良好的效果。现场试验平均腐蚀降低率>74%,室内试验平均腐蚀降低率95%。在现场试验中,2018 年 9 月以来,在 20 口腐蚀严重井中加入 MH-66 气液双缓蚀剂,也取得了良好的缓蚀效果,生产正常。

需要指出的是,由于环境或工程技术的限制,国外已经出现了化学抑制剂的弃用现象。例如局部腐蚀,即使整体腐蚀被成功抑制,也可能存在点腐蚀、间隙腐蚀等局部腐蚀,这在 H_2S 和 CO_2 共存时尤为突出,可能会发生管壁快速穿孔。在这种情况下,事故发生前没有预警,很难预测。化学抑制剂的作用是明显的,因此,要正确对待缓蚀剂,不仅要选择有效的缓蚀剂类型,还要谨慎对待[9]。

5.2.5 配套套损修复技术

5.2.5.1 机械通道技术

主要通过偏心扩径机、打浆机、活动导向磨靴、探头式铁锥、复合磨料筒、滚动扶正器、钻压控制器、活动肘节、球型机等九种修井工具开发组合成六台修井钻具。通过这六台修井钻具的单独或联合应用,可以打通套损井段的通道,为套损井的修复或实现无坠落物创造前提条件。

对于小口径套损段,由于通道小,套损部位形状各异,可能出现落物鱼顶水平等复杂情况,使用一种工具往往效果不佳,需要几个工具一步一步组合和处理。

5.2.5.2 定向法导流技术

通过机械通道钻进技术,大大提高了小口径套损井通道钻进的成功率。但在现场试验中,仍发现以下问题:一是检测方法简单,错误断口的大小只能根据铅模的印模判断,不能确定其形状和方向;二是方法不科学,找槽时用旋转方法插入较深的下部断口,有一定的盲目性,将造成刀具磨削铣从套管中取出失败。针对以往小直径断层井磨铣通道技术存在的不足,国内开展了定向磨铣通道研究。通道钻孔过程分为定向通道寻找、扩展通道和矫直通道三种类型。

通道寻找是指在裂缝下的套管中引入通道工具。只有找到了通道,才能将铣磨碎和扩容。因此,通道寻找技术是打开通道的关键。由于断层井裂缝直径小,横向位移大,普通铣刀无法插入裂缝;另外也没有很好的检测方法,形状只能通过铅模的印模来判断。工具很容易跟随弯曲的上部裂缝并在找到通道时被引入套管外。过去使用的旋转勘探方法盲目寻找通道,大多数井因找不到通道而失败。为此,提出了一种定向信道查找方法。

找到通道后,通过三步扩大通道:偏心铣锥铣断口、笔尖铣锥铣断口、长锥铣锥扩铣断口。

5.2.5.3 聚能切割打通道技术

为进一步提高小口径套损井隧道钻探的成功率和施工效率,针对直径小于70 mm的套损井开展了能量集中切槽技术研究。该技术是小直径套损井钻井通道的配套技术,是对现有小直径套损井钻井通道技术的补充。

5.2.5.4 密封加固技术

为修复受损套管井,长庆油田研究应用了101.6 mm水封加固技术,对提高修井质量起到了重要作用。但由于加筋井段内径仅为101.6 mm,无法进行分层注采、分层改造,修复后再利用水平低。为解决这一问题,先后研究了 108 mm 密封加固技术和膨胀管加固技术。采用 108 mm 密封加固技术的加固管内径可达 108 mm,膨胀管加固技术内径可达 110 mm。两种加固技术加固后,内压大于 20 MPa,密封性强;100 mm 封隔器可采、注分开,可用于压裂破损套管井,提高了套损井的再利用水平。

5.2.5.5 膨胀管加固技术

膨胀管稳定器的主要结构由膨胀管、中心管、膨胀头、底塞、支撑环等部分组成。

改造套损段并打开通道,用油管将膨胀管加固器下放到需要补贴加固的井段,用地面高压泵将清水泵入油管。当达到一定压力时,膨胀头将油管向上推。当膨胀头上升到膨胀管上端时,泵压下降,膨胀管完成整体膨胀,紧贴套管,实现锚固和密封。然后将油管底塞和加强件提起,完成加强。

5.2.5.6 深度置换工艺技术

随着套损向深部延伸,套损程度不断增加,长庆油田原有的套管更换技术已不能满足油田修复套损井的需要。主要表现在:一是需要套管铣削外封隔器;二是不适用于现有导槽技术无法开槽的套管损坏严重的井;三是不适合通过油层更换套管;四是铣制钻具卡死故障频繁。为满足深换套管的需要,在原有换套技术的基础上,开展了深换套配套技术研究,解决了制约深换套技术的"瓶颈"技术难题,同时开展了横向修井。该技术用于解决油层套损井的修复问题,实现施工效率和经济效益的提高。

5.2.5.7 封隔器和扶正器处理技术

为保证高含水条件下 2~3 口加密井、高压浅层气井的钻井固井质量,新完井均在标准地层附近设计了外套管封隔器。由于套损多在标准层附近,一般在井段 1~5 m。不仅有破碎的套管和破碎的岩层,还有封隔器胶体和钢叠片和扶正器。更糟糕的是,有的套管损坏井,封隔器本身就是套管损坏点,因此井段条件非常复杂。

根据套管封隔器和扶正器的结构原理和井下技术状况,处理原则是:外体熨烫,整体打捞。即先用两片式铣头将外体剥离和覆盖,将外径大于 185 mm 的钢体和胶体全部覆盖,直到覆盖物在封隔器下方约 5 m 处,以确保封隔器和扶正器残体在套筒铣桶中被切割或打捞。

5.2.5.8 严重套损井的壳铣引入技术

套管损伤引入技术是套管拆除施工中最关键的环节。只有在断点以下成功引入套管,新套管才能与旧套管连接。在原有的脱套管技术中,套损部位采用"前处理引入法",即对有通道开口的井,在套损部位下方插入示踪剂,对迹线进行加固。以确保套管铣头一次顺利通过。但不适用于不能打开的严重断层井。为解决这一技术难题,我们研究应用了"套铣引入法",即对于现有技术条件下无法开启的套损井,采用特制的打捞套铣头直接插入套管。确保小口径套筒在更换损坏井的施工过程中不会丢失鱼体。

该方法是套管损伤预处理技术的创新。在原有的导管架清除技术中,如果换点预处理达不到预期的示踪和防丢鱼要求,则该类井无法通过更换导管架法进行修复。套管铣法的引入是针对井径小于 70 mm,套损严重而无法开槽的井,研究一种特殊的方法。

施工时,对于无法通过打印孔打开的孔,首先对裂缝上方的部分进行熨烫。当铣到达裂缝时,用铣将铣头引入裂缝中。铣头的喇叭腔有拉鱼和对准鱼的作用,85/8″的铣桶有很强的扶正作用。当铣碰到鱼头时,继续钻孔,鱼顶会逐渐由外向内移动,放入套筒烙铣头中,一般将套筒铣成 3~5 m 的长度,下套筒即可顺利引入,印刷确认后,可在套筒铣缸内修复鱼顶,为实现对接提供了前提条件。

5.2.5.9 新型小口径铅封水泥充填接头

当新旧套管接缝深度在油层内时,需要用铅封固井接头重新连接新旧套管,同时完成接缝和固井。试验开始时,使用的铅封胶接接头外径为 195 mm,无法降入铣桶内。搭接时需要将铣管取出,然后在肉眼下搭接,容易出现井壁坍塌、鱼头丢失的事故。为此,在原有 195 mm 铅封水泥充填接头的基础上,改进开发了一种新型小口径铅封水泥充填接头。改进后的工具外径为 184 mm,长度为 1 193 mm,固井通道为 871.2 mm²(视同 34 mm 圆管的流通面积)。可在铣桶内修复,有效防止鱼头丢失和井壁坍塌。

5.3　膨胀套管技术
在套损井治理中的应用

膨胀套管技术最早由英国壳牌石油公司提出,主要用于钻井技术。壳牌石油公司在墨西哥湾深海钻井作业中遇到了一些常规钻井技术难以解决的问题。随着井深的增加,该地区的套管层数增加,大大增加了钻井成本,有时甚至因为井眼直径太小根本无法到达目标层。

为了解决这个问题,20 世纪 80 年代后期,壳牌公司的工程技术人员开始研究膨胀套管技术,并于 1999 年 11 月进行了首次成功的商业应用。此后,膨胀套管技术在经济上获得了巨大的经济效益。

膨胀套管技术的目标是实现单一钻孔直径,即从钻孔开始到钻孔完成整个钻孔保持一致的直径。这样可以确定套管尺寸,使钻机设备标准化,也可以减少对车载车辆数量的巨大需求。同时能使早期的小型海上钻井设备得以重复使用,这在钻井技术史上将具有划时代的意义。

后来,人们将这项技术用于修井作业。膨胀套管技术是修井领域的一项新兴技术。涉及其他学科的知识较多,难度较大。对于套管膨胀技术中的许多技术问题,如膨胀后套管残余应力的分布及大小、膨胀过程中膨胀套管的金属流动等,很难通过解析直接求解精确解的方法。膨胀套管技术的研发需要大量的物理试验,但做试验会花费大量的金钱和时间。关于该技术的理论研究还有待科技进步和工程技术人员解决。可膨胀管技术是 20 世纪 90 年代产生和发展的新技术。

可膨胀管补贴技术解决该油田套损修井问题。膨胀管补贴技术可以胜任各种条件下的套管补贴。膨胀管具有良好的机械性能,并具有较高的耐内压、外压和拉应力。

5.3.1　膨胀套管技术基本原理

膨胀管技术首先将套管下放至目标井段,然后采用机械或液压组合,通过自上而下的拉力和压力使补油管产生永久塑性变形,从而封堵受损井段,恢复油藏。该技术可用于钻井、完井、修井作业,既可解决井眼变径问题,又可节约成本。膨胀管技术是油井恢复生产的有效技术措施。

如图5-7所示,膨胀管技术基于管的三维塑性变形。在膨胀管技术中,关键技术是用于使套管永久变形的工具膨胀头或膨胀锥,迫使膨胀头穿过套管,从而达到膨胀套管的目的。膨胀头的膨胀主要利用施加在膨胀头两端的压差和直接的机械推力或拉力。将液体泵入与套管内膨胀头相连的钻杆中可产生压差,机械力只需拉动或按压钻柱即可产生。由钻柱产生的这种拉力降低了整个钻柱的压力,同时产生了套管膨胀所需的膨胀力。当膨胀头穿过套管时,实心膨胀管钢材料的应力可超过其弹性极限而进入塑性变形阶段,膨胀量一般为10%~30%。

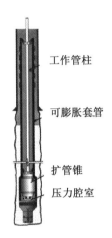

工作管柱

可膨胀套管

扩管锥
压力腔室

图5-7　可膨胀套管完井

5.3.2　膨胀套管的技术特点

常规的套损井处理方法根据机理不同主要分为两类:一类是机械处理方法,包括实体膨胀管套管补贴技术、波纹管套管补贴技术、机械密封技术等;另一类是化学处理方法,主要是用水泥浆和各种堵漏剂堵住套筒的破损点。各种工艺的特点和适用范围见表5-1。

表5-1　可膨胀实体管机械性能

性能	API 规范	未膨胀	膨胀 20%
布氏硬度/MPa	241(最大)	200~205	217

表 5-1(续)

性能	API 规范	未膨胀	膨胀 20%
屈服强度/MPa	551.6(最小)	567.4	568.1
极限抗张强度/MPa	655.0(最小)	668.1	722.6
延伸率/%	14.0(最小)	27.1	19.4

可膨胀实体套管技术真正实现了从井口到目标层的单直径油井施工,可大大降低钻井成本,具有良好的环保效果。

此外,通过侧钻铣窗安装膨胀管还有其他优势,如降低重新钻孔的成本;尽量减少套管柱内径的损失;并且目标层的钻孔更大。常用套管补贴工艺比较见表 5-2。

表 5-2　常用套管补贴工艺比较

工艺名称	工艺特点	占井时间	适应范围
实体膨胀管套管补贴技术	成本适中、施工容易	短	套损点在任意位置
波纹管套管补贴技术	成本适中、施工容易	短	套损点在任意位置
取换管技术	成本高、工艺复杂	长	套损点在水泥返高以上
水泥浆封堵	成本低、工艺简单	长	套损点在水泥返高以下
封隔器卡封	成本低、工艺简单	短	套损点在油层附近

5.3.2.1　膨胀套管技术特点

(1)钻孔

A.各类油井的作业,满足现场大位移井、水平井、多分支井套筒和套管规格;

B.井深的不同,有深井、超深井和深水井的完井,减小规格尺寸表层套管和隔水管的参数,满足单一井径油井的作业,减小常规套管的锥度效应;

C.老井侧钻时,重钻成本减少,套管内径损失经济效益大,降到最低;

D.钻井时间和完井成本有效节省;

E.有效控制密封膨胀性页岩层和渗套管漏层,防井眼缩径。

（2）套管维修

①修理磨损的技术套管。在深井作业中,由于钻井周期长,长期钻井和频繁起下钻容易磨损工艺套管。确定损坏套管的具体位置后,采用内衬可膨胀管,以牺牲技术套管内径为代价恢复技术套管的承压能力,并在保证施工安全的前提下继续进行。

②修复老井生产套管。对于已生产多年的油井,可采用膨胀管技术修复因抽油杆磨损或地层流体腐蚀造成的生产套管损坏。根据井下情况,可采用贴内衬膨胀管或段铣后下降膨胀管回接的方法,使老井改建完整井筒,恢复生产。

③风隔穿孔层段。对于常规作业无法封堵的射孔层段,可采用伸缩管技术封堵不必要的油、气或产水层段,以优化注水、注气或产能。

④钻柱更换次数可以控制在最低限度,使作业者可以钻进更大钻孔尺寸的更深地层。

5.3.2.2 膨胀管补贴技术操作流程

（1）套损判断标准

①洗压过程中返出大量压井液、地层砂、水泥块、未泵入井筒的大颗粒岩屑回流,或发生大量压井液泄漏。

②管柱在升降过程中有卡死现象,大口径工具外表面有明显划痕。

③套管试压不合格。

④地表或技套环空和表套环空返回大量生产层产生的油、气和水。

⑤捞筒、内锥、铅模、封隔器等直径较长或较大的工具在井下堵塞。如果套管损坏,可以取出工具检查表面是否有划痕、弯曲、磕碰痕迹。

（2）测试及技术要求

①通井调节：当井下套管变形程度无法确定时,可采用薄壁通井调节进行验证,避免使用铅模印刷时发生铅体脱落事故。其中,(a)通井规长度为 1.50 ~ 2.00 m;(b)将通井规下端从 0.30 ~ 0.40 m 处做成外径恒定为 2~3 mm 的墙体;(c)应观察和测量通井规的末端;(d)通井规一般验证套管上部变形情况。如果要进一步验证下套管的损坏情况,可以采用逐渐减小合格规外径的方法;(e)检查套管是否弯曲或缩径,可以使用长通规。

②铅模印刷：(a)铅模印刷,压力一般根据接触面积确定,直径越小,印刷时压力越轻。一般情况下,(φ114 ~ 146 mm 铅模加压 50.0 ~ 80.0 kN,φ110 ~

114 mm 铅模加压 30.0~50.0 kN;(b) 铅模抬起后,需要测量压痕,检查是否有附着物铅模,并检查印模。有待详细描述。

③侧印印刷:使用专用膨胀包装机的长胶筒,外壁贴一层胶。通过水压差,胶筒膨胀并紧密黏附在套管内壁上。套管内壁上的孔和缝的形状印在胶筒的外壁上,释放泵压力后胶筒缩回。将胶筒取出后的印刷品进行分析,基本可以了解印刷品处套筒的损坏情况。

(3)下膨胀管施工工艺

①在地面上连接膨胀管。当套管补贴段过长,一根膨胀管不能满足补贴要求时,可将多根膨胀管连成一根满足补贴要求。

②插入矛和插管,将一根或多根油管(插管)接到矛上,将膨胀管上端插入膨胀管,直至矛插入膨胀头。插入后,测量插管边缘。

③膨胀管下至补贴井段,在压管过程中施工压力高达 45.00 MPa。为保证补贴施工的顺利进行,需使用一级探伤油管,并在公扣上涂抹 101 密封脂。每 20 根后将油管注满水。

④根据自然伽马磁定位深数据调整管柱深度,确保膨胀管与待补贴井段对齐。调整管柱深度时,计算要准确,余量控制在 0.5~0.8 m。

⑤连接接地抑制管路。连接抑制管路后,让无关人员远离高压区。

⑥挤压和提升管柱,并正向压紧。当压力出现第一个峰值时,管道将开始膨胀。膨胀头将在高压下上升。当仪表质量比原读数低 40.0~50.0 kN 时,起吊管柱回到原来悬空的质量,连续反复压制和解除。直到管柱向上 1.00 m 以上。

⑦卸压,试举,观察膨胀管下端是否紧贴套管内壁,停泵,泄压,举升吨位比原管柱悬吊重 50.0 kN。如果管柱没有移动,则表示膨胀补贴管的下端已经紧紧地贴在外壳的内壁上。

⑧继续按压使管柱上升,此时应提高 30.0~50.0 kN。直到最后 1.00 m,升高 50.0~100.0 kN,使膨胀头快速上移,膨胀管上端压力迅速释放。形成喇叭口,保证施工质量。

⑨如果补贴井段符合试压要求,则降低压力,对膨胀管进行试压,打压 15 MPa,压力合格后取出井内油管。

⑩膨胀管下塞用小于膨胀头 6 mm 的磨鞋磨铣。钻压 10.0~30.0 kN,转速 40~60 r/min。如果钻压突然下降,说明底塞已经磨损。继续下钻,将堵头追至人工井底部。

5.3.3 膨胀套管的抗挤强度分析

套管是一种长期使用一次的特殊油管。下套管后,用水泥固井。它不同于油管和钻杆,不能重复使用。因此,它是一种一次性消耗材料。压力、外压、轴向载荷和弯曲载荷等的影响,所以对套管材料性能有特殊规定,特别是套管抗挤压性能必须满足井筒设计的强度,所以无论是常规套管还是膨胀套管必须满足井眼设计的强度要求。

5.3.3.1 套管强度要求

套管在井筒中的受力非常复杂。一般来说,套管的载荷可分为拉力、挤压力和内压力三类。此外,在套管下井和固井过程中,还需要承担生产过程中产生的其他附加载荷。

套管强度规定:(1)管体和接箍的屈服强度;(2)外部挤压阻力的强度;(3)平头管与接箍的内压强度。

为保证套管的正常使用,套管的强度应符合规定的要求。膨胀管也是如此。力争使膨胀后套管的强度达到相关标准的要求,减少或杜绝管柱断裂事故的发生。

5.3.3.2 膨胀套管抗挤强度的计算

套管的抗挤强度取决于材料的机械性能、横截面的形状以及套管载荷的状况等因素。当套管径厚较大时,属于失稳破坏,即当外挤压力达到套管的挤压强度时,套管壁产生弯曲、挤压或破裂会阻碍钻头或其他井下工具通过,损坏地层填料,导致生产停止。严重的套管损坏将控制套管变形导致油气井报废;当套管径厚比较小时,当外挤压力达到套管的挤压强度时,套管就会发生屈服强度失效。套管抗挤压强度与径厚比的关系如图5-8所示[10]。

无轴向载荷条件下不同径厚比的抗压强度计算公式如下:

(1)对于 $D/t<15$ 的厚壁管,在发生坍塌之前,剪切应力会超过材料的屈服强度,导致屈服强度的坍塌。坍塌压力可按式(5-1)计算

$$\rho_{YP} = 2\sigma_y \left[\frac{\left(\dfrac{D}{t} \right) - 1}{\left(\dfrac{D}{t} \right)^2} \right] \tag{5-1}$$

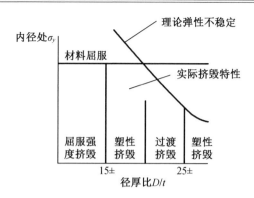

图 5-8　抗挤强度随 D/t 的变化

（2）塑性挤毁区的最小挤毁压力可由式（5-2）计算

$$\rho_P = \sigma_y \left[\dfrac{A}{\dfrac{D}{t}} - B \right] - C \tag{5-2}$$

其中系数 A、B、C 以及适用的 D/t 范围可由资料查出。

（3）塑性与过渡挤毁区的最小挤毁压力 ρ_T 可由式（5-3）计算

$$\rho_T = \sigma_y \left[\dfrac{F}{\dfrac{D}{t}} - G \right] \tag{5-3}$$

系数 F、G 以及适用的 D/t 范围可由资料查出。

（4）弹性挤毁条件是以理论弹性不稳定毁坏为依据，只适用于薄壁管（$D/t>25$）弹性挤毁区的最小挤毁压力由式（5-4）计算

$$\rho_E = \left[\dfrac{323.71 \times 10^3}{\left(\dfrac{D}{t} \right) \left[\left(\dfrac{D}{t} \right) - 1 \right]^2} \right] \tag{5-4}$$

式中　　ρ_{YP}、ρ_P、ρ_T、ρ_E——套管的抗挤毁强度，MPa；

　　　　σ_y——材料的屈服强度，MPa；

　　　　D——套管的外径，mm；

　　　　t——套管的壁厚，mm；

　　　　A、B、C、F、G——API 标准规定的修正系数。

适用的 D/t 范围可由资料查出。

5.4　高含水后期套损井
综合治理配套技术

5.4.1　套损井分布特点

5.4.1.1　套损井本身特点

套损井的管理难度相对较大,表现在以下几个方面。第一,油井内套管断裂时,很难选择合适的下放位置去修复;第二,底水油藏的套损井,在伴随着射孔段以上大段腐蚀穿孔的同时,油藏底水段的套管也能腐蚀穿孔,利用常规隔采工艺很难达到恢复产能的目的;第三,套管失效的位置去修复位置不受水泥返回高度的限制。腐蚀和穿孔发生在水泥返回情况高度的下方和上方。水泥回流高度措施以上井段腐蚀穿孔的概率略大于水泥回流高度。

5.4.1.2　套损井分布特点

在平面上,遇到断层的井和断层两侧的井在层间交界中套损的比例较高,在油藏构造高点处和翼部地层倾角较大的区域套损也较多。在井身纵向剖面上,套损主要集中在浅水层、出砂层、射孔部位附近以及层间交界处等区域。

5.4.2　套管的替换

5.4.2.1　套管损坏原因及状态

根据现场实际统计数据,套管损坏的主要类型为变形、破裂和内保护层脱落等。套管变形总结一下有几种变形:桥梁变形、弯曲度变形、压扁式变形、缩小变形和变大变形;而断管破裂包括套管开裂、套管爆裂、腐蚀或磨损穿孔三种类型。常见的形式:套管的密封管破裂包括套损坏主要体现在套管的连接处。这种损坏的主要原因是管破裂,包括套管螺纹的质量问题或拉伸。

5.4.2.2 套管替换技术

目前,油井作业施工过程中需要对更换套管进行替换,相对操作性有一定困难。既要换套管过程不改变井结构,也要不影响开发过程中其他技术措施的实施,相对成本会比较高。相对率与其较低,操作非常简单,可大大延长上部损坏长套损处理的有效期限。数据显示,中上部受损的概率与其他相似位置概率相同。因此,有的井实施了反向换套管技术。实践证明,在油层中上部损坏后替换套管实施置换工艺是可行的。

5.4.2.3 预防套管损坏的措施

虽然套管更换过程是必要和可行的,但从实际应用和发展的角度来看,预防更有意义。在生产实践中应采取以下措施:

首先,隔离氧气以尽量减少氧气进入井筒的机会。油井停井时,关闭套管放气门或加塞子密封套管放气口,减少吸入氧气量。其次将油井的套管倒转。最后添加环空保护液以减少套管腐蚀。

套管阴极保护技术措施,集中油田区块很实用,其本质是保证被保护金属的阴极化,添加缓蚀剂可以在套管内表面形成致密的薄膜,在起到润滑作用的同时可以防止腐蚀,减缓本质管棒的磨损,延长生产周期。做好井下套管的校验工作。套管下井前,必须检查正常生产管体、螺纹和套管强度,提高固井质量。固井时,水泥返回高度应返至地面。斜井段应加装套管扶正器,防止水泥槽检查,隔离腐蚀介质与套管的连通。

5.5 成片套损区治理方案及应用技术

5.5.1 成片套损区治理方案

5.5.1.1 治理程序

将成片套损区按地域分布划分为若干小区,提前安排 2~3 个修井队,探索小区套损规律,开展定向修井技术试验,待技术成熟、具备推广条件后,将安排大量施工队伍进行治理。针对处理过程中发现的疑难复杂问题,测试团队会进行相应的技术研究,最终实现对成片套损区域的彻底处理。在处理过程中,每个团队负责一个小区的修井施工。优势主要体现在减少了新老井之间的移动距离。套管小面积损坏规律是通用的。可以借鉴小面积的施工经验,有利于套管的改进。受损区域处理效率高,相应节省了施工成本。队伍分配情况如图5-9所示。

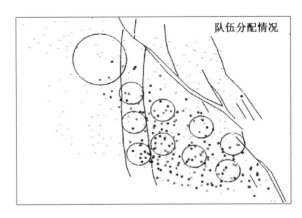

图 5-9　队伍划分区块图示

5.5.1.2　治理原则

结合目前检修技术水平,将套损区的套损井分为三类:Ⅰ类井是产油量较高,但注采关系严重失衡,影响套损区开发的套损井,需要大量时间和技术投入,优先处理;Ⅱ类井是采油厂在现有技术条件下可修复或完全报废的非重点井。Ⅱ类井力争在更短的时间内以更低的成本实现有效修复或完全报废的目标;Ⅲ类井是在目前的技术条件下不能完全修复或报废,例如被喷砂和喷石块损坏的井。此类井一旦确定套损类型且简单技术试验无效,采用终止原则,调整处理方案或试验组进行技术研究。治理原则的确立为套损井的管理提供了一个限度,可以有效减少不必要的投资。

5.5.1.3　治理方案

第一,修复策略。通道改造修复,对于不涉及下一步封堵的油水井,套损段可通过加强密封加固的方式进行修复;对于涉及下一步封堵的油水井,应直接修复套管。对于管道内径要求高,通道需要整形的油水井,应通过更换套管的方式修复套管损坏段。第二,报废计划。施工中能开通道但无修复价值的井,将待报废的管柱起出下至射孔段位置,按照报废法进行报废;如果开槽不可行的油水井,采用挤压报废法对其进行报废;不能成功开启的油水井,首先通过测定油管内径来判断套管损坏范围和损坏程度。若套管直径较大,可以尝试修复修理;如果直径小,用原井柱进行主动报废。第三,终止方案。终止目前修井技术无法修复的有价值的套损井。

5.5.1.4　治理顺序

成片套损区的治理顺序主要包括滚动推进、由外向内、由内向外等管理方式。采用滚动推进和区域隔离相结合的方式,即从区块的一个方向向另一方向滚动推进。目的是固定一个区块,同时处理交界处的井,针对套管损坏区和非套管损坏区。之间形成隔离区,以避免套筒损坏区域的扩大。管理方法是由外向内,从套损稳定区到套损核心区,呈现一个环绕的核心,目的是实现稳定区的修后开发,在相对较短的时间内稳定区域。采用由内到外的管理方法,从套损的核心区到套损的稳定区,呈现中心绽放、向四周辐射的方式。目的是管理核心区,快速掌握该片套管损坏区套管损坏的严重程度和规律,采用稳定区和核心区同步处理。目的不仅要实现对稳定区的有效治理,使该区投产,而且要有效把握该段套管损坏区的套管损坏难度[2]。

5.5.2　成片套损区治理技术

为保持油田正常生产,挖掘增产潜力,经过科学系统的研究,开发了大量修复技术,总结如下:

5.5.2.1　打递道技术

打递道技术主要针对小直径(直径 40~70 mm)套损井。它包括两种工艺技术:一种是镜面研磨和沟道技术。该技术使用混合浆液作为简化的环液,并使用高效的组合工具。对套管损坏的井段磨铣打开通道,为击打碎屑和加强套管创造条件。另一种是炸药掘进技术,是将含有炸药的塑料炸弹沿井筒引爆至套损段的预定位置,产生较大的冲击波和高压气体,冲击波的压力和高压力气体通过套管内的介质的传动,作用于套管内表面,使套管和外水泥环及岩石向外膨胀,引起塑性变形,套管内径变大,从而达到钻进通道的目的。

5.5.2.2 打通道技术

打通道技术是套损区域处理的核心,是其他修复技术的保障。过去常用的工艺主要有梨形胀管器充气、铣锥成型、铣套管、铣削等技术。分段套损区破损井井况复杂,修复难度大。这种技术有很大的不兼容性。经过多年的技术攻关,大口径套损井修复率提高到90%以上。近年来,针对无通道套损井、裂缝内落物、裂缝弯曲等问题,开发了相应的技术。在攻关方面取得了很大的技术进步,为工件破损区域的管理提供了大量的技术支持。

(1)锉磨铣冲胀技术

锉磨铣冲胀原理:该工艺技术在塑修时无须对套管损坏部位进行旋磨,避免磨损套管。而是采用梨形胀管器原理,用铣磨铣冲胀工具将铣套的损坏部位逐级膨胀磨削,使套管内径完全恢复,确保套管剩余部分不被切削,从而达到连续修复铣套的目的(图5-10)。

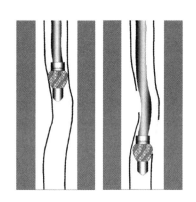

图5-10 锉磨铣冲胀技术示意图

锉磨铣冲胀系列工具设计:前部装有导靴,有利于顺利进入套损套筒;中间部分与中心线的夹角设计为15°,适合充气定型。外表面覆盖有硬质合金,以实现套管上部管子突出部分的铣;铣刀的上部还设计了一定的弧度,使刀具在膨胀成型后可以顺利退回。同时,圆弧上还覆盖硬质合金,可以进一步塑造套管通道(图5-11)。

图 5-11　锉磨铣冲胀工具

（2）锉磨铣冲技术

施工工艺：

①导丝模具等检测工具重新确定套管变形井段的深度、变形大小、形状等井下技术条件。

②第一次成型时，应使用变形尺寸大于 2 mm 的铣刨气筒。

③降低整形管柱。

④当工具下降到距变形井段 1 m 左右时，启动泵车，建立循环，充分冲洗井，记录钻柱悬重。

⑤缓慢下管柱，初步探查变形井段，以转台面为基准，在钻具上划线做标记。

⑥将管柱上提一定行程，控制管柱下降速度，对套管变形部分进行铣扩。待膨胀工具顺利通过变形井段后，将管柱顶出，换上更高水平的铣削充气机，重复上述充气过程，直至变形井段套管内径完全恢复。

⑦如果铣削冲胀力不够，则应增加开下击打孔和钻孔的数量，以提高钻柱质量，但不应增加膨胀距离和下降速度。

⑧当同级差工具不能有效通过变形井段时，应更换低级差工具进行整形。

⑨一般情况下，不应选择超出水平差的工具。

（3）多级串联液压套筒变形定型技术

液压扩径整形器（图 5-12）主要由芯轴和锥体组成。前部锥体还起到导靴的作用，保证工具顺利通过变形点。在锥体表面上沿螺旋线嵌入直径为 30 mm 的特殊球体。

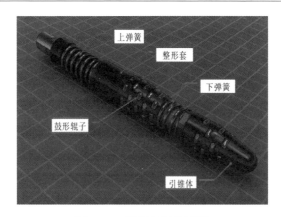

图 5-12　液压扩径整形器

（4）液压扩径整形施工工艺

①下方铅模等检测工具，重新验证套管变形井段的深度、变形大小、形状等井下技术条件。

②根据检测情况选择合适的液压膨胀机。

③管柱结构（自下而上）为：液压胀管器、安全接头、钻头、钻柱。

④降低钻具对变形井段进行预探，直至遇到阻力，并标出钻杆剩余长度。

⑤起吊钻具时，起吊度的参考值是以钻具的自重伸长量加上附加值。

⑥开泵使工作液循环，降低液压整形管柱并反复冲胀，直到工具可以在没有夹紧力的情况下顺利通过变形井段。

（5）高能气体整形技术

该技术利用燃烧爆炸产生的高能气体作为整形动力。成型段可达 10 m，工具外径系列化，可逐渐成形大段挤压变形井至 ϕ120 mm。一系列高能气体成型工具可对大段挤压变形井段进行逐级成型，在保证套管不脱线的同时提高了施工效率。

高能气体整形刀设计：刀体采用高强度合金，刀体前部锥形导靴，使刀具顺利通过换刀点。本体呈螺旋状均匀分布，中间有 ϕ20~30 mm 的圆孔，芯棒内设有炸药腔和爆轰腔。工具由钻杆下入井内，起爆装置从井口抛出，进行变点整形。

（6）高能气体成型技术

施工工艺：

①利用卡尺、铅模等检测套损井段情况，为选择配药和爆轰方法提供依据。

②根据套损井段的变形和不连续性,合理、正确地选择炸药性质和炸药用量。

③降低整形管柱。

④引爆雷管炸药整形扩径。

⑤起爆电缆或油管和钻柱。

⑥插入铅模,测试成型和扩径效果。

⑦过井。如果顺利通过,则可以进行下一步;如果不能顺利通过井,则应冲洗破碎的弹片,并修复爆炸后套管损坏的部分,直到可以顺利通过井为止。

(7)长钻杆笔尖铣锥找道技术

针对套管损坏块中套管损坏点直径小,部分井多点断裂的实际情况,研制了小钻杆长工作段笔尖铣锥(图5-13),桦木球型君钢柱在工作段上铺设和焊接不同等级的材料。可实现管柱分步通过,既提高了施工效率,又降低了多次走线造成的裂缝损失风险,提高了通过成功率。

图 5-13　小钻杆长工作段笔尖铣锥

长锥形钓鱼钢体能够巧妙地将变形套筒的损坏部位从小到大修复,重塑到工程要求,从而实现保护。

小钻杆长工作段笔尖铣锥工具设计:根据实际情况,选择长度为5~9 m的ϕ73 mm或ϕ60.3 mm钻杆(根据现场实际情况确定),使其到达工具前部的套筒损坏部分,再将钻杆前部加工成15°~25°的楔形,然后在后钻杆上用君钢焊接成锥形。该工具也可以用合适的钢管或圆钢焊接。

施工工艺:

①铅模等检测工具,重新验证套管变形井段的深度、变形大小、形状等井下技术条件。

②根据检查情况制作外径合适的长钻杆尖铣刀。

③管柱结构(自下而上):小钻杆长工作段笔尖铣锥、安全接头、钻铤、钻杆柱。

④将整形管柱缓慢下降至变形井段上方 1 m 处,先探查变形井段,启动泵车,建立循环,充分冲洗井,记录钻柱悬重。

⑤缓慢下管柱,初步探查变形井段,以转台面为基准,在钻具上划线做标记。

⑥启动转盘,缓慢下放管柱,对套损段进行锉磨或旋磨,控制钻压范围为 5~10 kN,转盘转速控制在 40~60 r/min。

⑦磨铣通过变形井段后,管柱下降 2~3 次,夹紧力小于 5 kN 后,将磨铣管柱提升出。

(8)封固井段小口径钻井通道技术

①强制扶正和引导过程

由于错缝的上下套管发生弯曲和收缩变形,常规铣管柱刚度不足,导致渠道钻具在渠道钻进过程中容易随裂缝移出管柱。

②大凹芯和打浆槽铣的磨削工艺

鉴于断口直径小,笔尖找不到下断口,但在铅模印迹显示有通道的情况下,采用大凹芯磨鞋铣打通道。利用大凹芯磨鞋的凹分力迫使套管向中心移动,起到增加寻找通道的空间,防止鱼丢失的作用。大凹芯磨铣针对断口直径较小,笔尖找不到下断口,但铅模印迹显示有通道的情况进行研究。利用磨鞋的切削作用在下套管中切出一个间隙,利用磨靴斜面产生的分力迫使套管向中心移动,具有扩大下套管的作用。大凹芯底部开口改进为外 45°、内 30°设计,不仅能快速咬合下部断口,还能产生最大的向心力,收鱼效果好;耐磨材料改为金刚石块焊接。耐磨性好,切削速度快;水眼直径由 20 mm 增加到 30 mm,排量大,循环效果好。

(9)冲胀型反向磨铣技术

弯曲套损井的大断面部分的曲率较大,用传统的旋转磨铣重塑套管。由于下工具受套管弯曲的影响,容易造成套管"开窗"而失去下通道。采用铣扩技术,由于工具和管柱的强度和塑性变形较大,管柱的落差和膨胀阻力大,不能通过"急弯"。扩口式逆铣技术可以使专用工具膨胀通过大弯井的弯井段,然后提起逆铣,修整弯套管,扩大通道。

冲胀型反向磨铣技术原理:冲胀型反向磨铣技术的灵感来自逆锻铣技术,采用逆向思维,应用逆磨铣技术,将套管向上磨削。工具串自下而上磨削铣套管时,由于最下面的工具受到管柱向上拉力的约束,限制了工具的自由度。铣削轨迹只能沿着套管的中心线,从而保证通道成型不丢失。解决弯井正磨铣易开窗问题。冲胀型反向磨铣技术示意图如图 5-14 所示。

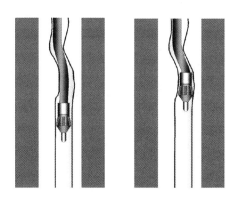

图 5-14　冲胀型反向磨铣技术示意图

施工工艺:

①铅模等检测工具,重新确定套管变形井段的深度、变形大小、形状等井下技术状况。

②根据检测情况,选择合适外径的反向磨铣工具。

③管柱结构(自下而上):逆铣头、安全接头、钻铤、钻柱。

④将整形管柱缓慢下降至变形井段上方 1 m 处,先探查变形井段,启动泵车,建立循环,充分冲洗井,记录钻柱悬重。

⑤启动转盘,缓慢下放管柱,对套管损坏部分进行铣磨或旋铣,控制钻压范围为 5~10 kN,转盘转速控制在 40~60 r/min。

⑥缓慢下管柱,初步探查变形井段,以转盘面为基准,在钻具上划线做标记。

⑦启动转盘,缓慢降下管柱,在套损处磨铣,控制钻压范围为 5~10 kN,转盘转速控制在 40~60 r/min。

⑧磨铣通过变形井段后,下放管柱 2~3 次,夹紧力小于 5 kN 后,将磨铣管柱顶出。

⑨更换下一级反向磨铣工具继续整形。

(10)活动断层钻井通道技术

通过长距离活动断层井修复技术研究,解决了寻道和钻井技术难题,研究了复杂坠落物的有效打捞和防顶技术,并研制了集成套铣、整形、洗砂成型。立柱、反油管立柱加注装置及作业规范等,解决了该类井的安全高效施工难题。

①专用工具的研究与支持:根据现场施工的需要,开发、设计和加工了五类工具,分别是找通道工具、磨套铣工具、复杂落物打捞工具、追踪工具和引导工具。

②活动断层井裂缝稳定技术:由于大位移活动断层井断层位置自由段长,所以产生的孔洞大,横向位移大。该技术首先采用原有的油管或裂缝稳定工具对上下裂缝进行销钉;然后注入稳定剂稳定上下裂缝。

③大位移活动断层井寻道钻井技术:针对大位移井情况,研究有效的寻道钻井技术,提高寻道钻井成功率。主要研究内容是磨铣找通道技术研究,以及磨铣下断口修复技术研究。

④复杂落物打捞技术研究:由于大排量活动断层的井多为水井,落物内封隔器多,断层点易吐沙,易埋沙,并伴有卡纸和内套更换。打捞难度大,因此有必要在捕捞工具和技术上研究解决此类问题,以提高打捞的成功率和效率。主要研究内容:复杂坠落物打捞技术研究。

⑤防管柱提升技术研究:由于地层位移大、注采不平衡、断层存在,井内套管局部受压,施工时管柱上提,容易发生安全事故。为此,有必要研究预防上顶装置。

⑥大位移活动断层井定向报废技术研究:对已开挖清除落物的井进行密封加固或报废无落物。对于无法开启的井,采用下裂缝方位和距离检测技术对下裂缝套管进行射孔。

大位移活性错段井断口稳固示意图如图5-15所示。

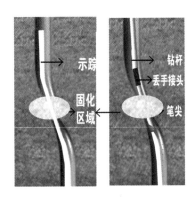

图5-15 大位移活性错段井断口稳固示意图

应用案实例:

南 * 井,采出 50 根 D 62 mm 原井油管;用打捞 58×1 200 mm 滑矛多次打捞,共打捞 62 mm 油管 35 根;底部和中间 118×320 mm 平底铅模,阻力深度 776.3 m,铅模印象是套管变形,最小直径 109 mm,形状通过;下 990×320 mm 平底铅模,阻力深度 814.83 m,铅模印痕为套筒错印,最小直径 58 mm,采用磨铣,套筒铣等窜槽措施无法打开这个频道。118×320 mm 平底铅模下放,阻深 816.53 m。铅模痕迹凌乱无法判断,周围有泥岩颗粒。井内落物管柱为 12 根中 62 mm 油管。Y341-114-X/JQ-DIY型封隔器 1 级,XX-KHD-C-114 型活塞。

施工工艺:一是冲洗通道。管柱结构(自下而上)是笔尖+95 mm 安全接头+105 mm 钻杆止回阀+73 mm 反向钻杆+989 mm 方钻杆;降低笔尖直到遇到阻力,记录阻力的深度。将管柱上提并旋转一定角度,然后再下管在寻找通道的过程中,如果确定裂缝为活动断层,则必须稳定裂缝。二是断口稳定。抬起冲击通道管弦,放下示踪管弦直至断裂。在升降和旋转管柱找到通道后,将下降连接器组件插入下部裂缝。管柱结构(自下而上)为 173 mm×36 m 下降接头总成(底端为笔尖)+95 mm 安全接头+4 105 mm 钻杆止回阀+ϕ73 mm 反向钻杆+ϕ89 mm 方钻。井筒压力 10.12 MPa,断口处手迹;打开油管闸和套管闸,循环水 0.5 m³,循环裂缝稳定挤压剂 2.4 m³,关闭套管闸和防喷器,挤压裂缝稳定剂 2.6 m³,更换清水 2.4 m³,挤压注射过程中挤压压力不得超过 10 MPa;打开防喷器,启动所有管柱,在压力下关闭井口。三是钻铣。118 mm 三翼钻具,封堵面,钻塞至抛具位置。管柱结构(自下而上)为 4 118 mm 翼形钻具+95 mm 安全接头+105 mm 钻杆止回阀+73 mm 反扣钻杆+ 89 mm 方钻杆。下 118 mm 套筒铣筒、套筒铣件、套筒铣 36m 管结构(从底部)为 118 mm×4 m 套筒+95 mm 安全接头+105 mm 钻杆止回阀+73 mm 反向钻杆+89 mm 方钻杆;放入合适的打捞工具(母锥、打捞筒等)部分:降低笔尖直到遇到阻力,记录阻力的深度,提起管柱旋转一定角度,再次降低管柱,反复寻找通道;找到通道后,抬起管柱上升到一定高度,降低管柱膨胀扩径。逐渐增加上提高度,扩大下放管柱的直径,直到它被提升或降低。在夹紧力的作用下,管柱可以自由旋转。最大增加高度应小于膨胀工具的长度。

5.5.2.3　加固技术

(1)膨胀管加固技术

膨胀管加固后,井筒内径大,锚固力高,密封可靠、抗内压、外挤压等力学性能与同规格相当。修复质量高,与小口径采油工艺相匹配。它是修复错位、变形和丢失井的理想方法。利用金属材料塑性变形的特性,通过封头的膨胀施加外力,使预置的加强管膨胀,与套管内壁紧密接触,实现错位密封。加固技术解决了常规加固后密封断面短、锚固力小、加固后直径小等问题。

膨胀锥和底塞材质优化:膨胀管膨胀时,膨胀锥承受很大的力,要求硬度高,防止粘连变形。经过数十次试验,项目组最终决定采用 W9Cr4V 硬质合金钢,在退火状态下加工,全部加工后进行淬火和研磨,硬度可达洛氏硬度(HRC)66~67。底塞不仅要具有足够的承压能力以满足胀管的需要,而且要便于钻孔和研磨。经过十余次试验,最终确定采用超硬铝合金 LC4,硬度和强度更高,切削性能更好。

应用案例:

杏 * 井,由于套管损坏点多,套管损坏段较长,无法采用其他加固方法修复。采用膨胀管加固技术,有 20 根膨胀管,膨胀总长度达到 150.7 m。施工完成后对下封隔器进行压力和卡尺检查,完全满足设计要求。

(2)气电加固

利用火药燃烧产生的高压气体推动工具内的活塞,使加强管上下端的锥形管相对移动,迫使加强管的金属锚杆膨胀,使加强管的两端固定在套管损坏的上下部分,管道被密封和加固。

近年来,为了更好地满足套损井加固修复后的注水需求,开发了大口径膨胀管加固技术。加固后膨胀管的最大内径可达 118 mm 以上,完全可以满足注水封隔器等工具的使用要求。与常规膨胀管加固技术相比,大口径膨胀管壁厚更薄,膨胀锥直径更大。膨胀管膨胀后内径变大。补贴后,常规尺寸封隔器等工具可正常插入,实施注水、压裂等措施。工艺简单,整个补贴过程通过一次管柱完成,采用堵底工艺,作业时间短,效率高;同时地面施工压力低,安全可靠。采用大口径膨胀管还可实现膨胀管在套管内的堵漏、堵水、层封等特殊技术。

此外,结合套管加固技术,对套损 139.7 mm、井下小直径非接箍套管的相关井进行了相关试验。大通径膨胀管技术示意图和小直径非接箍套管封固技术示意图如图 5-16 和图 5-17 所示。

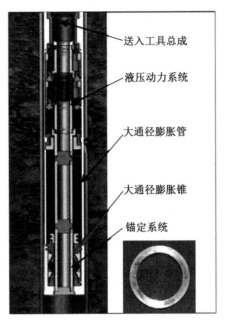

图 5-16　大通径膨胀管技术示意图

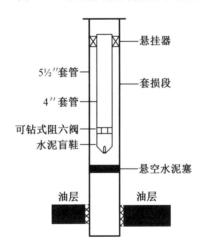

图 5-17　小直径非接箍套管封固技术示意图

5.5.2.4　吐砂吐岩块套损井治理技术

目前油田有吐沙、吐岩块井 300 多口,每年递增 30~50 口。这些井因缺乏有效治理手段而长期停产,严重影响了区块注采关系的改善和区块产能建设。2017 年,我们转变思路,创新性地将连续油管冲砂、压裂固砂技术引入修井现场,配备旋转冲头、螺杆等工具优化地面循环过程,充分利用连续油管控制连续冲刷无间歇冲砂的特点,冲向裂缝,通过挤砂固化剂屏蔽裂缝压力。在南＊井开展现场试验,实现了该井"冲砂""返净""固砂"的目标,为打通通道创造了条件,实现了砂石处理技术的突破。为该型井的彻底修复提供关键技术措施。

对于非喷砂区块中的单喷砂井,通过对单井注采关系、套损层、连通性的调查研究,通过关井或限流的方式降低压力单井。对于吐砂区块,通过对该区块的整体调查,确定大致的套管损伤层和异常压力来源,结合区块整体注采关系及单井连通情况,确定区块整体降压方法用于降低压力。

通过喷砂点进入井筒的固相物质包括岩石、碎水泥块等。固相混合物具有固相高、含水量低的特点。用清水冲砂虽然进尺快,但携砂能力差,易造成反复洗砂;用泥洗砂容易造成固含量过高,流动性差,洗砂效率低。研究一种具有携砂能力强、流变性好、地面易于净化等特点的特殊冲砂液体系,以提高吐砂井的冲洗效率。配套地面净化系统:循环液从旁通管流出,通过接力砂泵泵送到固控振动筛。两套泥浆固控罐内装有压滤机、搅拌螺杆、真空除氧器、提升泵、除砂器和除泥器,将经过除砂、除气、除泥的冲洗液再循环入井,解决了高固相的冲洗液循环后不能重复使用的问题。

围绕循环、压力控制、除砂目标,优化节流管汇、沉砂池、循环池等地面循环流程;针对连续喷砂、大直径岩块等井组易卡管柱堆积等问题,充分发挥组合管柱(光滑管、旋转冲洗头、螺旋钻)的优势,优化不同井段的压力控制洗砂施工参数,并结合短管柱、正反交替注入等技术手段,防止夹砂、环空堵塞;针对洗砂后连续喷砂遇到阻力、遇到阻力位置井下情况无法判断的问题,创新研究带压铅模印刷技术;针对砂粒形成温度低、固砂剂凝结效果差等问题,探索和试验低温速凝砂和水泥浆砂固结工艺。

应用案例:

南＊井,2017 年 3 月 24 日,从原井中回收 73 mm 油管 20 根,打捞出油管 44 根(最后 4 根弯曲,两侧有夹痕);中下 118 mm 铅模印刷确认 551.32 m 套损,最小直径 70 mm,整形为 120 mm 通过;中下 118 mm 铅模印迹 559.56 m,铅模印迹为泥岩痕迹;洗砂至 597.24 m 遇阻,比重为 1.58 泥浆压力下井后,118 mm 铅模印在 557 m 处遇到阻力,铅模印迹为泥岩;沙子继续冲刷至582.18 m,泥岩印迹遇阻。压泥后 118 mm 铅模印刷在 582.18 m 处遇到阻力,铅模印迹为泥岩。打印;118 mm 三刮刀下,比重为 1.58 泥浆用作洗砂工作液。沙子被冲到 594.24 m,遇到阻力。4 h 后,砂面上升至 556.82 m,施工终止。施工过程:一是连接设备。连接防喷管、压井管、连接防喷器、连接防喷器、取下卡瓦接头、剪断笔尖、连接井口;二是探砂面冲洗。探砂面 460 m;连续油管冲洗至 598 m。此时,井筒循环 30 min 后,出液口有少量砂粒,油压和套压均为零。将连续油管提升至井口,打开套管,出液口。无回排液,打开套管,排液 2 m³(施工时为观察地层吸入情况,油管端注入 10 min,压力 11 MPa,流体 2.7 m³)。三是砂探头表面洗砂。下连续油管砂探头在 500 m 处遇到阻力,连续油管冲砂到达 598 m 后停泵提至井口。将油管端注满至套管压力为 4 MPa,观察 2 h。探砂面达 594 m(砂面上升 4 m)。在下降过程中,油压和套管压力上升到 10 MPa,提升至井口,关井等待施工。四是探砂面冲洗。将探砂面反复冲洗至 558 m,再升至 548 m,准备下降遇到阻力,冲洗 10 min 后仍不能进入。请咨询说明后,决定将连续油管提升至井口准备固砂。五是注砂剂。连接水泥车、酸化车、罐车,泵车根据压力缓慢启动。注入热水时,排量从 0.2 增加到 1.16,压力稳定在 11 MPa,按固砂设计施工。停泵 48 h,停泵压力 11.5 MPa。六是冲砂检测面。降低连续油管,检测砂检测面 534 m,冲洗至 551 m,重复冲洗无进尺,将连续油管提升至井口。固砂剂第一次挤压无堵漏作用。七是用旋转冲刷工具冲砂。探砂面 502 m,冲砂 531 m,反复冲刷无进尺。将油管提升至井口。八是更换冲刷破岩工具。冲砂至 551 m 后,将油管提升至无注入量的井口。重新冲洗,循环冲洗至 598 m,将工具提升至井口。油管充填液体,排量 0.5,压力 13 MPa,填充液体 10 m³。九是水泥浆砂固结。以 0.65 m³/min 的排量打入比重 1.9 的水泥 8 m³,挤清水 6 m³,闭井 24 h,距粉尘检测面 430 m。十是钻塞。用带磨鞋的螺杆钻具,钻桶水泥塞至 598 m。十一是确认导模型打印套管损坏情况。下连续油管砂检测面,在 598 m 处遇到阻力,砂面不再上升。取出工具用铅模打印,印模为 83 mm 错印。该井通过洗砂、固砂等技术,实现了裂缝喷砂层的屏蔽堵漏。

5.5.2.5　打不开通道套损井取换套管技术

(1)示踪后 ϕ290 mm 套铣头跟踪后直接收引下断口技术。

对于更换套管施工过程中严重变形套管损坏,如果铅模印模证明错误断点的路径直径很小,但印模表明可以看到破裂的套管,如果直接钻孔的成功率无法保证套管内的通道,考虑不钻套管内的通道,用 290 mm 的铣钻头将铣覆盖到断点处,将断点的上套管全部捞出,然后在套铣筒中进行下断口找通道施工。

如果成功找到通道,插入示踪管柱加固断点后,使用中间 290 mm 铣头直接收回下裂缝套管的鱼头。

适用于追踪 290 mm 套筒烙铣头在追踪器中间直接回缩技术。适用于不带套管痕迹的套损井和落物夹在位错变形点不能导通的套损井。

(2)扩孔后喇叭口钻头回引下部断口技术

对于套损严重的错断井,如果铅印证明错断点直径较小,但打印显示可以看到下部破裂套管,则使用 290 mm 铣钻头去除从铣的断点上,套管全部攻丝后,在套管铣桶内找到通道或用中间 290 mm 套管铣头直接收回断裂井。应取出套管铣钻具,改用中 310 mm 扩孔钻头钻井。井筒上部扩至整个井段后,扩口钻头用于下部裂缝鱼头收集。

扩孔喇叭口钻头后回缩下裂缝技术适用于,在铣筒内找不到通道或使用 290 mm 铣头直接回缩下,裂缝和套管损坏的井下裂缝回缩不成功。

(3)大直径(320 mm)套筒铣钻头直接收引下断口技术

对于断层严重的非河道井,铅印迹上基本没有套管破裂的痕迹,印迹往往直接显示为泥岩印迹。该型套损井中,上、下套管裂缝已完全交错,上、下裂缝横向位移较大。如果用 290 mm 铣钻头磨到变点,使用前会扩大整个井段喇叭口钻头工期比较长,成本比较高,不能保证下断裂鱼头的发生率。为此,研究设计了大直径八齿套筒铣钻头。钻头外径达到 320 mm。该套铣钻头的应用,不仅可以直接完成井段的套管铣和下裂缝回缩施工,而且大大缩短了施工周期,提高施工时效。如果大直径铣质钻头在直接回缩过程中能够接触到下裂缝套管,也可以直接更换喇叭口钻头进行下裂缝回缩,无须扩大井段。

适用于中型 320 mm 大口径套管铣质钻头直接后退下压裂技术。适用于套管错位严重,上下裂缝已完全交错,裂缝横向位移较大的情况。

(4)弯套铣筒短接局部扩径回缩下断口技术

对于带有表层套管的套管抽取井,由于表层套管尺寸的限制,目前的回缩钻头最大只能达到 320 mm,较大的回缩钻头无法下井。针对错断点上下裂缝横向位移较大的套损井下裂缝抓鱼头问题,研究设计了弯套铣筒短节局部扩径回缩钻具.该钻具与弯套铣筒短接连接 φ320 mm 扩口钻头。利用旋转时短路的弯套铣筒扩径作用,实现裂缝部位井段局部扩径,增加扩口钻头下裂缝。套管鱼头的捕获成功率。

适用于弯套铣桶短接局部扩径回缩下部断口技术,该技术适用于套管裂隙横向位移较大的,常规扩径后,喇叭形钻头对鱼头的导引无效的情况。

（5）凹底鞋磨矫直后下折回缩技术

对于上、下套管在错误断点处弯曲严重,且弯曲较大的非通道套管损坏断面后退,可采用套筒铣削上断口,取出上套管断口,然后用大直径凹底磨鞋对准下断口,对弯曲套管进行纵向铣削和矫直。套管下裂缝部分磨铣时,套管中心轴线与上井筒中心轴线重合。最后,使用大直径扩口钻头收集下部破裂的套管鱼头。

适用于凹底磨鞋磨铣矫直上下断裂后回缩下断口技术适用于上、下裂缝弯曲严重的套损井和大断面的弯曲,以及由于早期渠道建设而失去下部裂缝的非渠道井。

（6）管外水泥盖打捞铣盖钻孔技术

①截断下套管打捞水泥盖支护技术

如果水泥帽支座位置和下一个原井套管内径通道完好,可以用铣把支座上端套上,然后拔出一套铣钻具,用机械内切刀以放置支架的内径。在管道下接头下方 1~2 m 处切割,将切割套抬起,然后将支撑装置抬起。取下水泥帽支架后,降低铣刀继续熨烫。

②打捞窗打捞器水泥帽的辅助技术

如果井况不允许在水泥盖支座位置切割套管,可以用先套铣到支座上端,切割或扣住上套管,取出铣刀,然后下套管。窗口打捞筒由外部水泥帽辅助打捞,打捞后回退铣钻继续铣削。水泥帽助托器如图 5-18 所示。

图 5-18　水泥帽助托器

（7）表套与油套不同轴套铣技术

对于表层套管和油层套管不同轴线的套管抽取井,由于油层套管靠近表层套管的侧面,油层套管和表层套管环空用水泥密封,如果正常八齿在使用套筒钻头和套筒铣削时,飞钻和跳钻现象非常严重。钻头不仅切割套管,而且钻头的切齿由于整个钻头严重损坏,甚至出现掉齿现象,增加了下一步套管铣施工的施工难度。如果用套铣桶钻头进行套铣,由于表套和油套轴心不同,钻具转动困难,套铣效率低。

针对上述情况,针对油层套管严重偏斜,我们设计研究了套管铣技术。普通油水井在表层套管下深约 100 m,表层套管内径为 320 mm,油套管外径为 140 mm。对于油套管靠近套管的施工井,环空直径至少应为 120 mm。因此,可以考虑使用 118 mm 的三刮刀头在表套和油套的环面多次钻孔。钻完或尽可能破坏环空内的水泥密封材料后,使用普通的铣质钻头或套筒铣本体钻头进行施工。

(8)环空复杂落体磨套铣技术

更换套管施工时,环空有不明落物或容易因井斜等原因造成整套铣钻跳钻,套管铣不进尺,甚至套筒铣刀也会切割套筒,导致环碎裂。大量的管皮、断齿、君钢块堆积,给下一步套管铣施工造成很大困难。鉴于环隙内堆积量大,以往主要采用环形磨鞋进行清理,但效果不是很理想。为此,研究了凹底磨靴与锥形偏心扩孔套筒铣刀组合处理环空中复杂落体的磨套筒铣削技术。高效凹底修鱼磨鞋如图 5-19 所示。

图 5-19　高效凹底修鱼磨鞋

环空复杂落体铣削套筒铣削技术主要从两个方面处理此类复杂事故井。一是用凹底磨鞋矫正损坏的套管鱼头,尽量将鱼头附近的大块铁块磨掉。环形坠落物;二是用锥形偏心扩孔铣钻头将环空内的沉积物磨掉或挤入地层,实现井眼扩径,为下一步扩口钻头套铣收引鱼头提供了有利条件。

5.5.2.6　报废技术

目前开沟井,先清理沟渠,再用力挤压报废,但对于不能开井的报废效果并不理想。如果报废不彻底,原井油层中的高压流体就会流过地表或其他地层,造成管外、地层不稳定,对相邻油井造成破坏,甚至堵塞。此外,废弃井、外采井、失井口彻底报废等问题,都影响到油田区块的整体开发和安全生产。

对于套损区注水井的修井,原井柱移动时起吊载荷通常为 600 kN,不能移动。油管内外径为 28 mm 的测井仪不能下降到封隔器的位置。这类井一般会在原井柱打捞后出现套管损坏和裂缝丢失的问题。渠道钻进成功率不到 30%,工期提高 2 倍。即便开通了渠道,项目也只能报废,增加了一些不必要的成本,投资。对于该类型井,根据以往大修经验,渠道钻进成功率低,直接采用不移动原井柱挤水泥浆的方法,在射孔井段挤压油层报废。

施工工艺:

①试验笔记。打开油夹套环空,通过原井油管试净水,观察环空是否回液,确认封隔器是否使用方便,并记录试注量和压力等参数。

②挤压水泥浆。在压榨水泥浆过程中,参照前次试验注入压力,最大注入压力不高于地层破裂压力。考虑到各层吸水率不同,计算值应加上水泥浆注入量。

③用于挤压。用清水作为替代挤压液,将油管中的水泥浆挤压至抗测井深度以下 10 m。

④切断管子。切割弹由电缆输送,切割弹下降至油管内预设水泥灰面上方 20 m 处。

⑤将水泥塞注入套管内。切断油管后,将管柱上提至 1 m,继续使微膨水泥浆循环至设计量。

⑥洗井。将管柱提升至套管内设计的水泥塞深度,用清水冲洗井,冲洗油管内的水泥浆。

⑦侯凝。起吊管柱后,关闭井口,等待加压冷凝。

不动原井管柱报废示意图如图 5-20 所示。

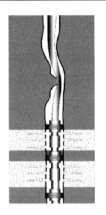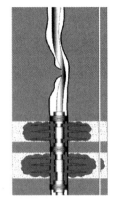

图 5-20　不动原井管柱报废示意图

应用案例:

南＊井,这口井是水井。吊弦载荷 60 t 不动。将油管悬挂器与原井油管柱连接,打开油管闸,关闭井口防喷器半封闸板,尽量挤注清水,观察挤注压力和排量,挤注过程中的挤压压力不超过 15 MPa,注射排量超过 0.3 m³/min。用 0.2 m³ 清水挤压后,正压密度为 1.9 g/cm³,微膨胀水泥浆为 10 m³,更换 2.9 m³ 清水。油管采用电缆切割子弹切割,油管切割深度为 970 m。切割完成后,拆除井口电缆防喷器,将原井管柱上提 1 m,在 969 m 深度反循环洗井,洗去井内多余的水泥浆,井中的管柱被提升到 300 m 的深度。该井在压力下关闭 48 h。试压:打开油管闸门,用清水压 15 MPa,稳压 30 min,压降不超过 0.5 MPa 为合格。粉尘检测面:加深油管灰面,连续进行 3 次,验证灰面深度,将油管柱提升 1 m,打开油管闸门,净水正循环 0.2 m³ 后,正循环密度为 1.9 g/cm³ 的微膨胀水泥浆体为 11.7 m³,正循环清水为 0.6 m³。起吊管柱逆循环冲洗 200 m 深度的井,将井内多余的水泥浆冲洗掉。该井在压力下关闭 48 h。检测尘面:检测下油管尘面,连续探测 3 次,验证灰面深度,将油管抬出井外[11]。

5.5.2.7　侧钻异井眼有落物分段报废工艺

对于套管断口无法打开通道的套损井,在套管口以下管外裸眼侧钻至射孔井段深度,采用深穿透射孔的方式,在新老井眼之间建立报废通道,挤注水泥浆对老井射孔井段进行报废。

该技术关键在于新老井眼轨迹之间距离不得超过深穿透射孔距离,裸眼挤注封隔器能有效封隔地层。目前,井型优先选择断口距离射孔井段较近的无通道套损井,垂直裸眼钻进时施工参数要求低钻压、中钻速、大排量,利用原井眼附近可钻性较好的特点,确保新钻井眼与原井眼轨迹偏离较小。通过研制小直径 K341-110 型封隔器,该封隔器适应性强,可实现裸眼井段的封隔,分段挤注报废。

施工工艺:

①上断口处理:用平底磨鞋和长锥铣锥反复磨断断口,直到升降卡的受力小于 3 kN,过程中防止断口位置向上移动时导致钻具磨损并沿着管柱向下反方向位移。

②钻进裸眼:管柱结构如果采用刮板钻头和斜面钻杆。起主导作用的是斜钻杆,为了从裂缝位置钻取工具和方便操作。待裸眼钻到至封隔原钻孔射孔段下边界后,进行钻孔轨迹标定。

③测井:测井新钻孔的倾角、电位和自然直径。依照测井数据,测算新井眼与原井眼轨迹之间的水平间距,通过计算,确定挤压封隔器的具体设置位置。

④深穿形成透传输孔:使新钻孔与原钻孔连通时,应当采用深穿透传输孔技术措施。

⑤候凝。起吊管柱后,带压关闭防喷器,等待凝固。侧钻异井眼报废示意图如图 5-21 所示。

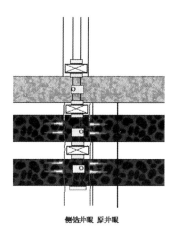

侧钻井眼　原井眼

图 5-21　侧钻异井眼报废示意图

应用案例:高 * 井。在钻进通道过程中,采用逆锻铣、扩径、铣削等多种通道钻进措施打开通道,在套管外钻不同的钻孔,挤压和丢弃通道。

施工工艺:

①平底鞋的断裂处理:将 118 mm 平底鞋底、中底钻孔、铣削 2 m。管柱结

构(自下而上)为:118 mm 平底鞋+95 mm 安全接头+116 mm 鱼杯+105 mm 钻杆止回阀+114 mm 扶正器+73 mm 反向钻杆+89 mm 方钻杆。钻铣后应充分循环洗井,排量应大于 0.3 m³/min,循环时间不少于 2 周,进出口液样机械杂质基本一致。钻铣参数:钻压 10~20 kN,转速 50~100 r/min,排量大于 0.3m³/min。

②长锥铣锥磨铣处理断口:管柱结构(自下而上)为 118 mm 长锥铣锥+95 mm 安全接头+105 mm 钻杆止回阀+73 mm 反向钻杆+中间 89 mm 方钻。对断口反复磨铣,直到卡的上下阻力小于 3 kN。磨铣参数:钻孔压力 10~20 kN,转速 50~100 r/min,排量大于 0.3 m³/min。

③管外裸眼钻进:在套管裂缝下方,将管外裸眼钻至原井眼射孔段底部深度。管柱结构(自下而上)为 118 mm 三刮板+105 mm 钻链×6 根+973 mm 反斜钻杆×30 根+73 mm 反斜钻杆+89 mm 方钻杆。钻井参数:钻压,30~50 kN;转速 100~150 r/min;排量 28~30 L/s。

④报废:将报废的管柱降低到预定深度(避开套管与髓管相连的位置),挂在油管上。废弃管柱(自下而上)结构为液压封隔器注入工具(封隔器位于裂缝上方 3 m 处,避开套管接箍)+73 mm 油管。打开油管闸,关闭套管闸,挤清水,压力 5 MPa,液压封隔器扔掉注入工具就位。正挤注 4 m³ 清水,挤注过程中的挤压压力小于 11 MPa,不得超过地层破裂压力。向前挤压密度为 1.9 g/cm³ 水泥浆 22 m³,水泥浆注入过程中挤压压力不超过 11 MPa。废弃管柱载荷 20 T,抛水压封隔器和抛注工具,正循环密度 1.9 g/cm³ 水泥浆 2.5 m³,正循环清水 1.5 m³。将管柱提升至井深 520 m,循环冲洗井,将多余的水泥浆冲洗出井口。将管柱从 300 m 提升到 220 m,挂在油管上。该井在压力下关闭 48 h。

参 考 文 献

[1] 朱广社.鄂尔多斯盆地晚三叠世:中侏罗世碎屑岩、沉积、层序充填过程及其成藏效应[D].成都:成都理工大学,2014.

[2] 王福平,张国芳,王国库.井下作业工具与修井技术[M].哈尔滨:哈尔滨工程大学出版社,2018.

[3] 齐国森.吴起油田油套管腐蚀与防治[D].西安:西安石油大学,2015.

[4] 阙源.套损井综合治理保障大庆油田可持续发展研究[D].武汉:中国地质大学,2009.

[5] 李辉.稠油热采注蒸汽地面管线与井筒水力热力学耦合模型研究[D].成都:西南石油学院,2005.

[6] 肖勇.套管损坏机理、检测方法和套损预测研究[D].大庆:大庆石油学院,2007.

[7] 黄天坤.鄂尔多斯盆地靖边东南部地区长 2 油藏流体性质与流体场特征研究[D].西安:西北大学,2019.

[8] 笱顺超.鄂尔多斯盆地套管损伤原因与防治方法研究[D].荆州:长江大学,2013.

[9] 王军,毕宗岳,张劲楠,等.油套管腐蚀与防护技术发展现状[J].焊管,2013,36(7):57-62.

[10] 易浩.复杂地层套管损坏机理研究[D].成都:西南石油大学,2006.

[11] 杨斌.套损井修复配套技术研究[D].青岛:中国石油大学,2007.